C.H.BECK ■ WISSEN

Die Menge allen jemals geförderten Goldes beläuft sich bis heute auf etwa 190 000 Tonnen – und es kommt beständig neues hinzu. Da das glänzende Metall die Menschen seit der Zeit der frühen Kulturen fasziniert hat, begegnet es uns bereits in uralten Grabstätten als Beigabe für die Toten. Seit Jahrtausenden symbolisiert Gold zudem in Gestalt von Kronjuwelen Herrschermacht. Während des Goldrausches zog es tausende Abenteurer in seinen Bann, und in den Goldminen der Welt floriert bis heute das Geschäft auf dem Rücken unterbezahlter Arbeiter. Als Goldbarren in den Tresoren der Zentralbanken sollte es im 20. Jahrhundert den Wert des Geldes garantieren. Mit diesem Buch legt der Historiker Bernd-Stefan Grewe nun erstmals eine kurze, aber ungemein informative und sehr gut lesbare Globalgeschichte dieses ganz besonderen Elements vor und erläutert dessen politische, wirtschaftliche und kulturelle Bedeutung für die Menschheit.

Bernd-Stefan Grewe ist Professor für Didaktik der Geschichte an der Universität Tübingen.

Bernd-Stefan Grewe

GOLD

Eine Weltgeschichte

C.H.Beck

Mit 6 Abbildungen und 2 Graphiken

Originalausgabe
© Verlag C.H.Beck oHG, München 2019
Satz: C.H.Beck.Media.Solutions, Nördlingen
Druck und Bindung: Druckerei C.H.Beck, Nördlingen
Reihengestaltung Umschlag: Uwe Göbel (Original 1995, mit Logo),
Marion Blomeyer (Überarbeitung 2018)
Umschlagabbildung: Goldene Kugel mit Raubkatzengesicht
(Glied einer Halskette), um 260 n. Chr., Kupfer, vergoldet,
Spondylus-Muschel, Durchmesser 17,8 cm, peruanisch,
Moche-Kultur II, Fundort: Sipán; Museo Arqueológico Nacional
Brüning, Lambayeque (Peru). © akg-images, Berlin
Printed in Germany
ISBN 978 3 406 73212 6

www.chbeck.de

Inhalt

Einleitung: Gold – ein besonderes Metall

Spanische Galeonen transportierten im 16. Jahrhundert das in der Neuen Welt erbeutete und gewonnene Edelmetall über den Atlantik nach Europa. Viele wurden zum Ziel englischer und niederländischer Freibeuter, einige gingen in Stürmen unter. Vor der amerikanischen Küste haben sich einige Bergungsunternehmen darauf spezialisiert, nach diesen gesunkenen Schatzschiffen zu suchen. Das Holz der Schiffe ist inzwischen komplett verrottet, die schweren Kanonen und Anker sind oft mit Muscheln oder Korallen überwachsen, auch das Silber ist nur mit Metalldetektoren zu finden. Nur das Gold glänzt noch immer. Jahrhunderte im Salzwasser konnten ihm kaum etwas anhaben, rieb man ein wenig mit einem Tuch darüber, schon glänzten die in Mexiko und Peru gegossenen Barren und Münzen wie neu.

Der unvergängliche Glanz machte Gold zu einem besonders attraktiven Metall, dessen symbolische Wirkung von völlig verschiedenen Gesellschaften über mehrere Jahrtausende und rund um den Globus geschätzt wurde. Der Glanz symbolisierte Unvergänglichkeit; das machte es zu einem idealen Material, um etwa die Ansprüche einer Dynastie auf dauerhafte Herrschaft hervorzuheben. Gleichermaßen findet sich Gold als Überzug für Buddha- oder Marienfiguren, in Tempeln und Kirchen oder als Grabbeigabe und Begleiter auf dem Weg ins Jenseits.

Aber eigentlich war Gold in praktischer Hinsicht nur für wenig sinnvoll zu gebrauchen, denn in reinem Zustand verformt es sich viel zu leicht. Es ist so weich, dass es kalt geschmiedet werden kann. Bereits in der Antike wurde es von Goldschlägern zu Blattgold verarbeitet, mit dem Gegenstände, Statuen oder Bauelemente wie Stuck überzogen werden konnten. Zwei Gramm Blattgold benötigt man dabei für einen Quadratmeter Fläche; für manch goldenen Thronsaal, Kirchenschmuck oder Kuppelbau war weniger Edelmetall notwendig, als man glauben möchte. Diese hohe Dehnbarkeit von Gold und seine ausgezeichneten Leiteigenschaften machten es später zu einem gesuchten Rohstoff in der Elektroindustrie, weil sich bereits ein Gramm zu einem dünnen Faden von bis zu drei Kilometer Länge ziehen und einfach verlöten lässt. Auch in der Zahnmedizin wird Gold als Füllung oder Ersatz verwendet, weil es sehr korrosionsbeständig ist. Reines Gold wäre hierfür wieder zu weich, weshalb Legierungen verwendet werden, die deutlich härter sind. Kleinere Mengen werden heute auch in der Optik zur Wärmereflexion und zum Filtern gefährlicher Infrarotstrahlen genutzt; zudem werden Gläser damit bedampft. Auch die NASA verwendete diese Technik – so war das Visier des Astronautenhelms von Neil Armstrong auf der Apollo-11-Mission zum Mond mit einer extrem dünnen Goldschicht überzogen, um seine Augen zu schützen.

Theorien über die Entstehung des Goldes gehen davon aus, dass es wie andere Elemente mit hoher Dichte in einer Supernova-Kernfusion entstanden ist und bereits in jenem Staub enthalten war, aus dem sich unser Sonnensystem bildete. Das bei der Entstehung unseres Planeten enthaltene Gold war schwerer als andere Elemente und sank deshalb tiefer in die Kruste ein. Das für den Menschen erreichbare Gold wurde entweder durch vulkanische Aktivitäten nach oben getragen oder gelangte später – etwa durch Meteoriten – auf die Erdkruste. Gold trägt die Ordnungsnummer 79 im Periodensystem der Elemente und hat die Bezeichnung «Au» (lateinisch *aurum*). Es kommt in der Natur gediegen vor, also als reines Element. Meist ist es in Quarzgängen oder anderen Gesteinen eingeschlossen (primäre Lagerstätten) und kann nur mit bergmännischen Kenntnissen gefördert werden. Im Gestein ist es in so kleinen Partikeln enthalten, dass es mit bloßem Auge kaum erkennbar ist. Das Gold hingegen, das die Goldwäscher mit Pfannen aus den Flüssen wuschen, war erst durch Umweltprozesse frei geworden, die das umgebende Gestein verwittern ließen. So gelangte es in Flüsse und setzte sich dort aufgrund seines höheren Gewichts als so genannte Flussseifen ab. Weil es reaktionsträge ist – also sich nicht durch Korrosion verfärbt –, ließ sich das gelb glänzende Metall leicht erkennen und wurde früh von Menschen bearbeitet.

Gold gilt als ein rares Metall, doch im Grunde ist es gar nicht so selten, wie man meist annimmt. In kleinen Mengen ist es auf allen Kontinenten zu finden; in der Antarktis haben sich die Staaten allerdings darauf geeinigt, keinerlei Bergbau zu betreiben, so dass es dort auch nicht geschürft wird. Als Spurenelement ist es fast überall vorhanden, sogar im menschlichen Körper und im Meerwasser. Fritz Haber, der Erfinder des Haber-Bosch-Verfahrens zur Ammoniaksynthese und Erfinder des Giftgases als Kampfstoff, suchte vergeblich nach einer Methode, wie sich Gold aus Meerwasser gewinnen ließe. Der Nachweis von Gold im Meer gelang ihm zwar, aber mit nur zehn Gramm auf einen Kubikkilometer Wasser war die Konzentration zu gering, um auch nur annähernd rentabel gewonnen zu werden.

Um an das begehrte und rare Gold zu kommen, das Reichtum versprach, nahmen zahllose Menschen unerhörte Strapazen auf sich. Beispielsweise sorgten die Nachrichten von Goldfunden am Klondike in Alaska dafür, dass sich tausende Goldsucher auf den Weg durch die eisigen Berge machten, ihre 500 Kilogramm (im Weiteren: kg) schwere Ausrüstung zu Fuß über den Chilkoot Pass schleppten und sich in der unwirtlichen Wildnis einrichteten, um dort einen Claim zu erhalten und nach Gold zu schürfen. Jack London verarbeitete seine Erlebnisse als Goldsucher in mehreren Romanen (*Lockruf des Goldes*, *Alaska Kid*, *Ruf der Wildnis*) und Charles Chaplin griff diese Thematik in seinem Filmklassiker *The Gold Rush* (1925) auf. Sein Protagonist Charlie muss im Winter hungern und sogar Schuhsohlen verspeisen, kehrt am Ende aber als reicher Mann per Dampfschiff in die Zivilisation zurück. Auch die von Carl Barks erfundene Comicfigur des im Geld schwimmenden Dagobert Duck machte als Goldsucher am Klondike ihr Vermögen und wurde so nach vielen Entbehrungen zur reichsten Ente der Welt.

Die Weltgeschichte eines so begehrten und das Handeln von Menschen stimulierenden Stoffes lässt sich nicht vollständig beschreiben. So kann auch diese kursorische historische Darstellung – über mehrere Jahrtausende und alle Kontinente hinweg – einem solchen Anspruch nicht gerecht werden. Stattdessen möchte ich anhand einiger Leitlinien eine erste globalhistori-

sche Einführung in die komplexe Stoffgeschichte eines besonderen Metalls erzählen und wichtige, für die jeweilige Zeit
bestimmende Merkmale herausarbeiten. Das präsentierte Material stellt eine Auswahl solcher Ereignisse und Prozesse, Strukturen und Zusammenhänge dar, die für die jeweilige Epoche
besonders relevant erscheinen oder typische Kennzeichen im
Umgang mit Gold illustrieren können.

In politischer Hinsicht versprach der Besitz eines Goldschatzes Macht und Einfluss, der sich in Form goldener Herrschafts-
attribute als Throne oder Kronjuwelen symbolisch inszenieren,
aber auch als Herrscherportraits auf Münzen darstellen ließ.
Goldbesitz ermöglichte es auch, wie bei den Karolingern eine
Anhängerschaft zu bilden oder sich von kriegerischen Bedro-
hungen freizukaufen, wie es Byzanz lange praktizierte. Aber die
Kunde solcher Schätze zog unweigerlich auch die Gelüste von
Eroberern an – so beispielsweise römische, germanische oder
hunnische Krieger, die spanischen Konquistadoren oder die
deutsche Wehrmacht. Wer über Goldreserven verfügte, konnte
selbst dann noch Kredit erhalten, Waffen oder Rohstoffe bezahlen, wenn die eigene Währung längst ihren Wert verloren hatte.
Insofern war Gold immer auch eine kriegsstrategisch wichtige
und währungspolitische Ressource.

Wirtschaftlich wurde das Gold zum Garanten von Währungsstabilität und metallenes Rückgrat von Papierwährungen. Der
Glaube an die Einlösbarkeit von Banknoten in hartes Edelmetall war die Basis des internationalen Goldstandards, der in
mehreren Varianten für ein Jahrhundert die Wechselkurse der
Währungen stabilisieren sollte. Reich wurden durch das Gold
aber nur wenige. Selbst bei den Goldräuschen des 19. Jahrhunderts wurde kaum einer der Sucher zum Millionär; viel häufiger
profitierten davon die Besitzer und Aktionäre der Minengesellschaften oder diejenigen Händler und Spekulanten, die besser
informiert und entscheidungsschnell Arbitragegeschäfte tätig-
ten (Geschäfte, die die unterschiedlichen Preise auf verschiedenen Märkten ausnutzen, um aus der Differenz einen Vorteil zu
ziehen). Während die Sucher in Flüssen mit Waschpfannen durch
Hoffnung auf reiche Funde motiviert waren, gingen mit dem

Bergbau oft menschenverachtende Arbeitsbedingungen einher. In der römischen Antike arbeiteten Sklaven unter kaum vorstellbaren Belastungen in engen Grubenschächten, und auch viele Jahrhunderte später schufteten hunderttausende Wanderarbeiter im südafrikanischen Untertagebergbau, weil sie keine wirtschaftlichen Alternativen zur gefährlichen Minenarbeit besaßen.

Umwelthistorisch ist Bergbau fast immer mit gravierenden und irreparablen Eingriffen in Ökosysteme verbunden. Besonders offensichtlich wird dies überall dort, wo im Tagebau gewaltige Gruben geschaffen wurden oder wo Abraumhalden das Landschaftsbild prägen. Kaum waren die Minen erschöpft, hinterließ der Bergbau vielfach Ödnis und verlassene Geisterstädte, die aber wie Bodie in Nevada zu einer Touristenattraktion werden konnten. Hydraulische Pumpen sorgten für Erosionsfolgen und veränderte Fließeigenschaften der Gewässer, resultierten aber vielfach auch flussabwärts in Fischsterben. Insbesondere das beim Ausfällen des Goldes verwendete hochgiftige Quecksilber wurde in Gewässer geschwemmt, aber auch verdampft (und von den Arbeitern eingeatmet) und vergiftete als nächtlicher Niederschlag die Umgebung. Insofern sind es auch heute noch gerade die individuellen und technisch weniger gerüsteten Goldsucher, die mit Quecksilber arbeiten und dieses freisetzen. Allein dadurch gelangen jedes Jahr an die 40 Tonnen (im Weiteren: t) Quecksilber in den Amazonas. Aber auch beim industriellen Verfahren mit nicht minder giftigen Cyaniden dringen immer wieder giftige Stoffe in die anliegenden Ökosysteme – eine Folge laxer oder nicht durchgesetzter Umweltauflagen. Hinzu kommt ein enormer Energieaufwand. So sind für die Herstellung eines einzigen Goldringes ungefähr 20 t Gestein zu bewegen. Selbst viele Jahre nach dem Ende des Bergbaus bleiben seine Umweltfolgen spürbar; so ist die mit Wasser vollgelaufene Tagebaumine Berkeley Pit in Montana zu einer tödlichen Falle für Zugvögel geworden, die auf dem künstlichen See landeten und durch das bei der Goldgewinnung freigesetzte Gift verendeten. Hohe Goldpreise führten meist zu verstärkter Suche nach Gold und entsprechenden Quecksilbervergiftungen in der Natur – zugleich aber zu einer verlängerten Lebensdauer solcher Minen, die nun auch Erze mit geringerem Goldgehalt wirtschaftlich vertretbar abbauen konnten, was gleichbedeutend mit viel größeren Abraumhalden war. So ist die Umweltgeschichte des Goldes vor allem eine Geschichte der Naturzerstörung durch Bergbau. Jüngere Umweltinitiativen setzen auf die Einsicht der Konsumenten und propagieren fair gehandeltes Gold. Solange diese Bemühungen aber nur in westlichen Gesellschaften mit ihrem vergleichsweise niedrigeren privaten Goldkonsum Erfolge zeitigen, werden diese Initiativen dem Übel nicht grundsätzlich abhelfen können.

Sozial war der Besitz von goldenen Gegenständen oft gleichbedeutend mit einem hohen Status, wie bereits die Grabbeigaben frühgeschichtlicher Gesellschaften erkennen lassen. Die Hoffnung auf sozialen Aufstieg motivierte auch Goldsucher, Abenteurer und Eroberer. Für die meisten ging diese Erwartung freilich nie in Erfüllung. In einigen Gesellschaften bedeutete der Besitz auch eines noch so kleinen Goldschmuckstücks eine wirtschaftliche Absicherung in Notzeiten. Das war insbesondere dann wichtig, wenn andere sichere Rücklagen nicht gebildet werden konnten, weil Kleinbanken fehlten oder Inflationen das ersparte Geld in seinem Wert bedrohten. Notzeiten zeigten deshalb ein sehr ambivalentes Bild, wie Gold genutzt wurde: Viele Menschen mussten ihr mühsam erspartes Gold veräußern, um zu überleben oder nach Missernten das Saatgut für das nächste Jahr zu erwerben. Währenddessen betrachteten Vermögendere das Gold eher als eine Investition anderer Art; sie erwarben es, um ihr Vermögen vor der in Krisenzeiten drohenden Inflation zu schützen und um von Preissteigerungen des seltenen Metalls zu profitieren. Diese sehr unterschiedlichen Strategien waren mithin abhängig von der sozio-ökonomischen Situation des Besitzers und beeinflussten die Preisbildung des Goldes. Kaum ein anderer Stoff hat eine derart widersprüchliche Geschichte.

Horten und permanentes Recyceln von Gold führen dazu, dass im Grunde alles jemals geförderte Gold wieder auf den Markt gelangen kann. Bis Ende 2017 waren das immerhin mehr als 190000 t, was rechnerisch einem großen Würfel mit einer

Kantenlänge von 21,4 Metern entspräche. Anders als bei anderen Warenketten ist die Geschichte des Goldes nicht endlich, weil der größte Teil des einmal erworbenen Goldes zu einem späteren Zeitpunkt wieder auf den Markt gelangen kann. Das macht es für seine Produzenten unmöglich, durch ein Herunterfahren der Förderung etwa den Preis in die Höhe zu treiben, weil dann die Besitzer bereits verarbeiteten Goldes dieses bei steigenden Preisen wieder verkaufen und so für eine Befriedigung der Nachfrage sorgen. Selbst als Südafrika im 20. Jahrhundert zwei Drittel der Weltproduktion förderte, gelang es den Minengesellschaften nicht, durch eine Drosselung der Lieferungen den Preis in die Höhe zu treiben und so höhere Einnahmen zu erzielen.

Obwohl Gold in politischer, wirtschaftlicher und sozialer Hinsicht häufig eine wichtige Rolle spielte, war nicht zuletzt seine kulturelle Bedeutung überragend. Das galt nicht nur für die mit ihm verbundene Symbolkraft, die unter anderem bei der Herrschaftsinszenierung und als wichtigstes Material für religiöse Kultgegenstände zum Ausdruck kam. Vielmehr war der Glaube der Menschen an die Wertbeständigkeit des Goldes zentral. So konnte es auch zum Garanten für Währungen werden. Seit John Maynard Keynes mochten moderne Ökonomen noch so oft auf die Irrationalität des Golderwerbes hinweisen und die Auflösung des «barbarous relic» des Goldstandards fordern – der globalen Nachfrage tat dies keinen Abbruch. Solange die Menschen an den Wert des Goldes glauben, wird es seine wirtschaftliche, soziale und politische Bedeutung behalten. Kulturell ist dieses Muster überall auf der Welt tief verankert. Das macht eine historische und synthetisierende Betrachtung seiner globalen Bezüge – jenseits regionaler oder zeitlich begrenzter Entwicklungen – zu einem Desiderat.

1. Götter, Gräber und Goldenes Vlies: Gold als Mythos und begehrtes Metall in Frühgeschichte und Antike

Das erste Gold in Menschenhand

Gold war neben Kupfer und Bronze eines der ersten Metalle, die Menschen gewinnen und verarbeiten konnten. Mehrere vor- und frühgeschichtliche Epochen sind nach Metallen benannt. Im Holozän (seit etwa 10 000 v. Chr.) folgte auf die Kupfer- und Bronzezeit die Eisenzeit – aber keine nach dem Gold benannte Epoche. Das weiche, leicht zu bearbeitende gelbe Metall wurde zwar früh entdeckt und handwerklich gestaltet, war aber zu selten und von zu geringem Nutzen, um das Leben der frühgeschichtlichen Menschen entscheidend zu prägen. Viel Wissen über diese schriftlosen Kulturen verdanken wir der unermüdlichen Arbeit der Archäologen. Nach Jahrhunderten der Grabräuberei kommen sie allerdings oft zu spät, um noch goldene Artefakte bergen und erforschen zu können. Die Attraktivität und der hohe Preis des Goldes haben dazu geführt, dass zahllose kulturell unersetzliche Kunstwerke und Objekte geraubt und eingeschmolzen wurden, um ihren Materialwert zu Geld zu machen. Glücklicherweise gelingen den Archäologen dennoch immer wieder aufsehenerregende Funde mit goldenen Artefakten – der bekannteste mag vor fast einhundert Jahren das ungeplünderte Grab des Tutanchamun gewesen sein, das Howard Carter 1922 entdeckte. Doch anders als man vielleicht spontan vermuten würde, stammen die bislang ältesten von Menschenhand geformten Stücke aus Gold weder aus dem Fruchtbaren Halbmond noch vom Nil, sondern von der bulgarischen Schwarzmeerküste: So wurde im Gräberfeld von Varna beispielsweise das Grab eines Mannes aus dem fünften Jahrtausend vor Christus geborgen, in dem sich fast tausend Goldobjekte mit einem Gesamtgewicht von mehr als 1,5 kg fanden – darunter ein Goldzepter und ein goldener Penis-Aufsatz (siehe Abb. 1).

Die nach diesem Gräberfeld benannte Varna-Kultur (4400–4100 v. Chr.) hat zwar noch keine schriftlichen Aufzeichnungen, wohl aber diese filigrane Handwerkskunst hinterlassen. Die Kunstfertigkeit ihrer Vertreter lässt uns auch heute noch staunen. Bei den Grabungen stießen die Archäologen auf einen Dolch, der auch nach mehreren Jahrtausenden im Erdreich seinen weißlich-metallischen Glanz nicht verloren hatte und dessen aus einer harten Legierung von Gold und Platin geschmiedete Klinge noch immer scharf wie eine Rasierklinge war. Erst vor einigen Jahren (2004) wurde ebenfalls in Bulgarien ein weiterer umfangreicher Goldschatz in Gräbern aus dem dritten Jahrtausend geborgen.

Vom Goldreichtum rund um das Schwarze Meer erzählen auch die Sagen des klassischen Altertums: Jason und die Argonauten brachen im Auftrag des Königs von Thessalien auf, um das Goldene Vlies (ein goldenes Widderfell) aus Kolchis im heutigen Georgien zurückzuholen. Tatsächlich wurden Schafsfelle zur Goldgewinnung – darin dürfte der Kern der Sage vom Goldenen Vlies zu sehen sein – in Flüssen nicht nur im Kaukasus verwendet, sondern werden zu diesem Zweck heute noch in einigen Regionen eingesetzt. Bereits der griechische Geograph Strabon beschrieb, wie man die Felle beim Goldwaschen nutzte, damit sich im Wasser mitgeführte Goldflitter in den Haaren verfingen, während der leichtere Schlamm darüber hinwegfloss. Zu Beginn unseres Jahrtausends haben georgische Archäologen in Zusammenarbeit mit dem Bergbaumuseum Bochum die Schächte einer fünfeinhalbtausend Jahre alten Goldmine auf einem Hügel in Sakdrissi ausgegraben. Das frühbronzezeitliche Bergwerk wurde 2006 zu einem nationalen Kulturdenkmal erklärt. Doch ungeachtet aller wissenschaftlichen Gutachten und öffentlicher Proteste wurde der Schutz nur acht Jahre später aufgehoben, Bagger rückten an und verwandelten den Hügel und

Abb. 1: Grab der Varna-Kultur

seine archäologische Stätte in ein riesiges Loch für den Tagebau-
betrieb.

Jenseits aller handwerklichen und künstlerischen Unter-
schiede lässt sich hinsichtlich der Gräber mit Goldfunden für
die vorchristlichen Jahrtausende eine bemerkenswerte Gemeinsamkeit feststellen: Ob in den Gräbern von Varna, den Königsgräbern von Ur, der hethitischen Fundstätte im türkischen Alaca
Hüyük, in Assur und Nimrud, in den von Heinrich Schliemann
ausgegrabenen Schachtgräbern von Mykene oder dem Königs-
grab von Sipán (Alt-Peru) – überall fand sich in den Gräbern,
die Goldschmuck enthielten, auch darüber hinaus eine besonders reiche Ausstattung mit Grabbeigaben. Die Archäologie
schließt hieraus, dass die Vorstellung von Gold als einem Symbol für Macht und Status keine Rückspiegelung späterer Generationen war, sondern dass goldener Schmuck stets Rang und
Macht eines Menschen visualisieren sollte. Nirgends fand sich
(mit Ausnahme der prädynastischen Naqada-Kultur in Ägypten) das Grab eines «einfachen» Mannes oder einer «einfachen»
Frau, die mit vergleichbarem Schmuck, aber ohne andere Luxus-
gaben bestattet worden wären.

In schriftlichen Zeugnissen aus Mesopotamien werden Gold
und Goldschmuck immer nur in einem Kontext mit Göttern
oder Herrschern erwähnt, woraus sich schließen lässt, dass sich
Gold vorwiegend im Besitz der Fürsten und Tempel befunden
hatte. Einige Reiche kannten sogar ein explizites Verbot privaten Goldbesitzes; so heißt es beispielsweise in einer Inschrift
aus dem Neuen Reich unter Pharao Sethos I. (ca. 1323–1279
v. Chr.): «Was das Gold anbelangt, das Fleisch der Götter, nicht
gehört es zu eurem Besitz.» Griechischen Quellen zufolge bestand auch im persischen Reich Kyros' II. ein ähnliches Verbot.
Niemand durfte Goldschmuck besitzen, es sei denn, man hatte
ihn unmittelbar aus königlicher Hand als Geschenk erhalten. In
eine ganz andere Richtung wies der Umgang mit Gold und Silber bei den Spartanern, die sich nicht mit privatem Luxus aus
dem Kreis der Standesgenossen hervorheben sollten. Als nach
Spartas Erfolgen im Peloponnesischen Krieg (431–404 v. Chr.)
eine große Menge Tribute und damit viel Edelmetall nach

Sparta gelangte, soll auf dessen Besitz angeblich sogar die Todesstrafe gestanden haben. Für die Bürger seines Gegenspielers
Athen und dessen Frauen war hingegen Goldschmuck legal und
bei den Wohlhabenderen auch sehr beliebt.

Unklar ist, seit wann im alten China Gold gefördert und verarbeitet wurde. Zwischenzeitlich waren Goldkuchen als Zahlungsmittel im 3. Jahrhundert v. Chr. in Umlauf, verschwanden
aber wieder und spätestens seit der Han-Dynastie (206 v. Chr.–
220 n. Chr.) sind goldene Schüsseln oder goldverzierte Lack-
waren nachweisbar. Das meiste Gold erhielten die Chinesen
nicht aus eigenen Vorkommen. An besonders begehrte Luxus-
güter wie goldfarbige und -bestickte Stoffe und Teppiche aus
dem Römischen Reich gelangten sie über den Handel der Sei-
denstraße.

Goldene Götzen und göttliches Gold

Nachdem die Israeliten aus Ägypten und durchs Rote Meer entkommen waren, warteten sie – so lautet die biblische Überliefe-
rung – lange auf Mose, dem Jahwe auf dem Berg Sinai die Zehn
Gebote übergab. Das zweite Buch Mose erzählt, wie in dieser
Zeit die Frauen ihre goldenen Ohrringe abnahmen, die eingeschmolzen und nach Aarons Anleitung zur Statue eines goldenen Kalbs gegossen wurden. Die Israeliten bauten einen Altar
und brachten Brand- und Tieropfer. Als Mose mit den Gesetzestafeln herabstieg und das goldene Götzenbild erblickte, zer-
schmetterte er wutentbrannt die Tafeln und ordnete die Bestra-
fung der Abtrünnigen an; etwa 3000 Menschen sollen daraufhin
erschlagen worden sein. In den drei großen abrahamitischen
Religionen gab es später auch Bilder- und Götzenverbote. Die
erneuerten Gesetzestafeln wurden genau nach göttlichem Auftrag in einer innen und außen mit Gold beschlagenen Lade ver-
wahrt, die als Symbol des Neuen Bundes galt. Die Bundeslade
ist bis heute verschollen, wobei für ihre Historizität ohnehin
jegliche archäologische Evidenz fehlt. Doch ganz abgesehen davon lässt sich anhand der vielen Belege in der Bibel erkennen –
insgesamt ist an mehr als 400 Stellen von Gold die Rede und

meist nicht als Metapher –, welche wichtige Rolle Gold in dieser Gesellschaft spielte. In späteren Jahrhunderten war man besonders vom sagenhaften Goldland Ophir fasziniert, aus dem König Salomo das Edelmetall bezogen haben soll. Die Angaben zu seiner geographischen Lage sind im Alten Testament allerdings widersprüchlich; es wurde wiederholt im östlichen Afrika vermutet. Eine spanische Expedition machte sich 1567 auf die Suche nach diesem Goldland im Südpazifik. Die Inselgruppe, auf der die Spanier das Gold vermuteten, heißt deshalb bis heute Salomoninseln. Ein anderes sagenumwobenes Goldland war Punt, woher die Ägypter viel Gold erhielten. Seine Existenz ist durch altägyptische Inschriften belegt, und wir wissen von mehreren Expeditionen; die berühmteste fand auf Befehl der Königin Hatschepsut statt und ist in ihrem Totentempel farbenprächtig dargestellt. Wo sich das reiche Punt tatsächlich befand, ist jedoch noch immer umstritten. Am wahrscheinlichsten ist seine Lokalisierung am Horn von Afrika, wo sich heute ein autonomer Teil des auseinandergebrochenen Somalia «Puntland» nennt.

Während für die Israeliten Gold nur ein besonders wertvolles Material war, aus dem sie Kultgegenstände wie beispielsweise ihre Tempelleuchter herstellten, hatte das Edelmetall für andere Kulturen eine unmittelbar göttliche Bedeutung. In der Kosmologie der Hindus spielt Hiranyagarba (Sanskrit: goldenes Ei, goldener Schoß) eine wichtige Rolle und taucht als Schöpfungsursprung bereits in den ältesten vedischen Schriften auf, und zwar im zweiten Jahrtausend vor unserer Zeitrechnung. Weiter westlich bei den Hethitern wurden die Sonnengöttin Arinna und zwei weitere Sonnengottheiten der Erde und des Himmels angebetet (ca. 1400–1200 v. Chr.). Dabei wurde Arinna als Sitzstatue mit einer Sonnenscheibe aus Gold dargestellt – ebenso wie die ägyptische Göttin Sachmet mit Löwenhaupt (die später von Re in Hathor verwandelt wird – ebenfalls ausgestattet mit einer Sonnenscheibe) oder der Sonnengott Re. Doch anders als in Ägypten präsentierten sich die Könige des Hethiterreichs nicht als göttlichen Ursprungs, sondern ließen sich in einer Verehrungshaltung kleiner als die Gottheiten darstellen. Für die

Ägypter hingegen war Gold das «Fleisch der Götter» und stand deshalb dem Pharao zu, der sich nach dem falkenköpfigen Himmelsgott Horus nannte und als Sohn des Sonnengottes Re bezeichnete. Der jeweilige Pharao war der irdische Repräsentant der Götter und führte seit der dritten Dynastie auch einen so genannten Goldnamen: Der den Horus symbolisierende Falke sitzt dabei auf der Hieroglyphe, die «Gold» bedeutet.

Auf dem europäischen Kontinent wurde die Sonne ebenfalls golden abgebildet und stand für das göttliche Licht, für Wiedergeburt und Jenseits. Die astrologischen Kenntnisse aus der noch schriftlosen Bronzezeit verblüffen bis heute. Die erst 1999 gefundene Himmelsscheibe von Nebra (ca. 1600 v. Chr.) mit ihren goldenen Einlegearbeiten und auch der Berliner Goldhut (ca. 1000 v. Chr.) nehmen Bezug auf eine Zahlensymbolik aus Mond- und Sonnenzyklus. Die Zahl 19 spielt bei den Ornamenten des Kulthutes eine besondere Rolle, denn nach 19 Jahren stimmen Sonnen- und Mondstand erstmals wieder überein, was sich mehrfach in der Zahl der eingestempelten Ringe und Scheiben widerspiegelte. Auch auf dem Sonnenwagen von Trundholm aus dem 14. Jahrhundert v. Chr. wird der Lauf der Sonne durch eine goldene Scheibe symbolisiert, während die Rückseite die Fahrt in die Unterwelt unvergoldet darstellt.

Vergleichbare Vorstellungen bezeugt eine Kette aus Gold und Lapislazuli-Perlen, die aus der Nekropole von Ur stammt (ca. 2500 v. Chr.). Sie symbolisiert ebenfalls eine Vereinigung von Himmel und Unterwelt, wiederum steht das Gold für Sonne und Himmel. Die von den Sumerern verehrte Göttin des Himmels, der Fruchtbarkeit und der Liebe – Inanna – wollte auch über die Unterwelt regieren und stieg deshalb in den Lapislazuli-Palast ihrer Schwester hinab. Für die Verstorbene, aus deren Grab diese Goldkette stammte, war mithin diese aus beiden Materialien gefertigte Kette von großem symbolischem Wert auf ihrem Weg ins Jenseits.

Es ist nicht zu übersehen, dass im eurasischen Raum viele Kulturen das Gold gerade deshalb schätzten und für religiöse Zwecke verwendeten, weil seine gelbe Farbe besser als irgendeine andere Materie die lebensspendende Sonne zu symbolisieren vermochte und seine glänzende Unvergänglichkeit der ewigen Wiederkehr des Taggestirns entsprach. Nahezu alle Religionen, die dem Gold in ihren Mythen einen besonderen Stellenwert beimaßen oder es für Riten verwendeten, verbanden mit ihm zudem Jenseitsvorstellungen und eine zeitliche Dimension, die weit über ein Menschenleben hinausging. Es lag insofern nahe, gerade das ewig glänzende Gold als Symbol für das Dauerhafte, Immerwährende zu wählen und es gerade in der Bestattungskultur zu verwenden, wo es sich mit Jenseitsvorstellungen verbinden mochte. Diese Ewigkeitssymbolik eignete sich aber folglich auch für Inszenierungen von Herrschaft, die dynastische Kontinuität oder göttliche Legitimität betonen wollten.

Ökonomie und Gold in Frühgeschichte und Antike

Wenn Archäologen in einer Region ohne eigene Vorkommen Gold in Gräbern entdecken, werten sie dies als Indikator, dass die jeweilige Gesellschaft über wirtschaftliche oder diplomatische Fernbeziehungen verfügte. So kann beispielsweise das in den Gräbern von Ur – im heutigen Südirak – gefundene Gold geologisch nicht aus Mesopotamien stammen. Als Herkunft wird in akkadischen Quellen ein Land namens *Meluhha* genannt, mit dem wohl das Industal gemeint ist. Zwar sind dort bislang nahezu keine zeitgenössischen goldenen Artefakte gefunden worden, doch spricht einiges dafür, dass es dort ein hochentwickeltes Metallhandwerk gab. Denn die für die brahmanische Tradition des Hinduismus bis heute wichtigen Veden nennen verschiedene Metallhandwerker, darunter auch Goldschmiede, und geben detaillierte Anweisungen, welche Rolle Gold bei verschiedenen religiösen Handlungen spielen soll, beispielsweise beim Errichten von Feueraltären.

Das antike Ägypten benötigte gewaltige Mengen Gold und konnte auf entsprechende Vorkommen am oberen Nil, in Nubien, in der Ostwüste sowie auf Importe aus Punt zurückgreifen. Um sicher zu den Goldminen im Wadi Hammamat in der östlichen Wüste zu gelangen, zeichneten die Ägypter die mutmaßlich älteste erhaltene topographische Karte der Welt. Der

Turiner Papyrus aus der Zeit um 1160 v. Chr. verzeichnet geographisch genau die Lage von verschiedenen Goldminen im Wadi Hammamat in der östlichen Wüste. Die eindeutige Lokalisierung der markierten Bergwerke gelang dem deutschen Geologen Dietrich Klemm und seiner Frau Rosemarie, einer Ägyptologin. Sie erforschten über viele Jahre gemeinsam die Bergbaugeschichte des Alten Ägyptens und konnten mehr als 300 Minen finden und bestimmen. Der jährliche Goldbedarf im Alten Ägypten war groß, und man geht heute davon aus, dass im Mittleren und Neuen Reich jedes Jahr ungefähr 600 kg benötigt wurden, von denen nur rund die Hälfte aus landeseigenen Minen stammte.

Dass viele Gegenstände, die Pharaonen benutzten, wohl aus Gold sein mussten, liegt nahe, wenn man an den berühmtesten ägyptischen Herrscher denkt: Zwar sind seine unmittelbaren Herrschaftsinsignien nicht erhalten, aber auch die bei der Öffnung von Tutanchamuns Grab gefundenen zahlreichen goldenen Grabbeigaben, die Totenmaske und der aus reinem Gold bestehende Sarkophag erlauben diesen Schluss. Ägyptologen haben herausgefunden, dass nicht nur die Gräber der Könige mit großen Mengen Gold ausgestattet waren. Darüber hinaus haben sie zahlreiche Inschriften und Papyri entschlüsselt, die von umfangreichen Goldschenkungen berichten. Allein der Amun-Tempel in Karnak soll 15 t Gold erhalten haben. Man nimmt an, dass auch die meisten Kultfiguren im Innern der zahllosen Tempel ganz oder teilweise aus dem Edelmetall gefertigt waren. Selbst die Spitzen der Obelisken waren einst mit Gold überzogen. Besonders verdiente Beamte erhielten ein Ehrengold in Gestalt eines mehrreihigen Halskragens aus Goldperlen. Wenn auch Gold nicht als Zahlungsmittel verwendet wurde, so macht es doch allein die Menge verfügbaren Goldes unwahrscheinlich, dass sich das Goldmonopol der Könige durchsetzen ließ. Schon die zeitgenössischen Grabräuber sorgten durch ihre Raubzüge dafür, dass in den Königsgräbern verborgenes Gold eingeschmolzen und weiter gehandelt wurde. Aus dem Jahr 1110 v. Chr. ist ein Gerichtsprotokoll mit dem vollen Geständnis der Verbrecher erhalten: «Wir öffneten ihre Sarkophage […]

Die Mumie dieses Königs war vollkommen mit Gold bedeckt, seine Särge waren innen und außen mit Gold und Silber geschmückt sowie mit vielen kostbaren Edelsteinen eingelegt [...] Schließlich legten wir Feuer an die Särge. Wir haben ebenso die Ausstattung genommen, die sich bei ihnen in Gold, Silber und Bronze gefertigt befand, und haben sie unter uns aufgeteilt. Dann teilten wir das Gold, das wir bei diesen beiden Göttern fanden.» In Ägypten war zu diesem Zeitpunkt das Gold knapp geworden, weil die Lieferungen aus Nubien ausblieben.

Die ältesten Goldmünzen stammen aus Kleinasien und wurden im Auftrag des sagenhaft reichen Lyderkönigs Kroisos (ca. 590–541 v. Chr.) hergestellt. Erstmals wurden Münzen mit Prägestempeln versehen. Sie zeigten einen Stier und einen Löwen. Mit der Prägung wurden ein einheitliches Gewicht und ein einheitlicher Wert der Münze garantiert. Das Gold der Lyder stammte aus dem Fluss Paktolos (türk. Sart Çayı) und den kleinasiatischen Bergwerken, darüber hinaus aus den Tributen eroberter griechischer Städte. Auch in Kleinasien verbinden sich reale Goldvorkommen und Mythologie: So erzählt man von dem gierigen phrygischen König Midas, dass Dionysos ihm den fatalen Wunsch erfüllte, dass alles, was er berühre, zu Gold werde. Da fortan auch seine Speisen und Getränke sich in Gold verwandelten, bat er, den Wunsch zurücknehmen zu dürfen. Um sich solcherart rituell zu reinigen, sollte er im Fluss Paktolos baden, der daraufhin zum goldreichsten Fluss Kleinasiens wurde. Der Wunsch nach Gold wäre so dem Midas fast zum Verhängnis geworden – ein Schicksal, das er dann mit dem reichen Kroisos geteilt hätte, der dem Orakel von Delphi angeblich 4000 Talente Gold gestiftet hatte (umgerechnet mehr als 103 t). Jener Herrscher erhielt die Weissagung, dass er beim Überschreiten des persischen Grenzflusses Halys ein großes Reich zerstören werde. Womit er nicht rechnete, war, dass das doppeldeutige Orakel allerdings seinem eigenen Reich galt, das nach dem Angriff auf die Perser mit ihm unterging. Wirtschaftlich und militärisch dominant entwickelte sich im Weiteren das Perserreich zur führenden Macht des Vorderen Orients. Um

500 v. Chr. erstreckte es sich vom zentralasiatischen Baktrien bis nach Libyen.

In der Welt der griechischen Stadtstaaten (Poleis) kursierten vor allem Silbermünzen; umfangreiche Goldschätze lagerten in Delphi, einer der bedeutendsten Orakelstätten der antiken Welt, die im Laufe der Jahrhunderte auf dem Wege von Schenkungen dorthin gelangt waren. Anders als in Persien, wo privater Goldbesitz untersagt war, bestand, wie bereits erwähnt, in Athen kein derartiges Verbot. In puncto Edelmetall besonders bemerkenswert war dort die von Phidias geschaffene kolossale Statue der Athena Parthenos (438 v. Chr. geweiht). Sie war mit Goldplatten und Elfenbein verkleidet. Nach antiken Angaben betrug deren Gewicht umgerechnet 1150 kg. Das Gold, aus dem sie bestand, gehörte zum Schatz des Attischen Seebundes, den Athen nach den siegreich geführten Perserkriegen (480/79 v. Chr.) gegründet hatte und dessen Bundeskasse bald ihren Sitz in Athen fand. Man konnte die Goldplatten abnehmen, um das Goldgewicht zu prüfen oder um damit eine militärische Unternehmung zu finanzieren, wie dies fast 200 Jahre später der hellenistische Potentat Lachares getan haben soll.

In Griechenland selbst wurde nur wenig Gold gefördert, überwiegend stammte es aus dem nordgriechischen Thrakien (dessen Gold Homer in der *Ilias* erwähnt: Hom. Il. 10, 438–429). Nachdem sich Philipp II. von Makedonien (359–336 v. Chr. König der Makedonen) die Erträge der Bergwerke des Pangaiongebirges gesichert hatte, die angeblich jährlich 1000 Talente Gold förderten, besaß er die notwendigen Finanzmittel, um ein schlagkräftiges Heer aufzubauen und zu unterhalten. Dieses ermöglichte ihm die Niederwerfung Griechenlands und schuf nach seiner Ermordung die Grundlage für die Eroberungsfeldzüge seines Sohnes Alexander des Großen (336–323 v. Chr.). Im Vergleich zum Bergbau erwiesen sich militärische Erfolge als der effektivste Weg, um rasch an große Mengen Gold zu kommen. Alexander erbeutete allein in Susa mehr als 40000 Talente gemünzten Geldes und den Goldschatz der Perserkönige. Damit konnte er sein Heer bezahlen und Goldmünzen prägen lassen.

Ähnlich wie Alexander sanierte sich auch drei Jahrhunderte später ein anderer hoch verschuldeter Feldherr finanziell durch reiche Beute. Bereits bei seinem Sieg über die Helvetier erbeutete Julius Cäsar so viel Edelmetall, dass er auf eigene Kosten zwei weitere Legionen ausheben konnte, um die Unterwerfung der Kelten in Gallien fortzusetzen. Sueton, der ein Jahrhundert später eine Biographie Cäsars verfasste, unterstellte dem Julier für seine Feldzüge sogar primär wirtschaftliche Interessen: «In Gallien raubte er die mit Weihgeschenken gefüllten Heiligtümer und Tempel der Götter aus und zerstörte die Städte öfter um der Beute als um eines Vergehens willen. Daher hatte er bald so viel Überfluss an Gold, dass er es zu dreitausend Sesterzen das Pfund in ganz Italien und in den Provinzen als Ware feilbieten ließ.» Tatsächlich lieferten Ausgrabungen unberührter keltischer Hügelgräber etwa am hessischen Glauberg, im württembergischen Hochdorf oder jenes der Fürstin von Vix in Burgund reiche Belege dafür, dass die Kelten über beträchtliche Mengen Gold verfügten. Das meiste wurde aus Rhein, Donau und etlichen Alpenflüssen gewonnen, doch betrieben die Kelten beispielsweise im heutigen Limousin auch Untertagebergwerke. Mit Cäsars Feldzügen gelangte in kürzester Zeit so viel Gold nach Rom, dass dies den Goldpreis im gesamten Mittelmeerraum nachgeben ließ. Der damals geprägte (8,19 Gramm schwere) Aureus wurde im römischen Kaiserreich die wichtigste Kurantmünze (bei diesen entspricht der Nominalwert auch dem Metallwert).

Caesars Nachfolger Augustus führte später eine Währungsreform durch. Wie bei den Griechen waren auch die meisten der römischen Umlaufmünzen aus Silber. Weil aber der Silberanteil der Münzprägung verringert wurde, ließ der Materialwert des Silberdenars im Laufe der Zeit nach. Somit beruhte die römische Währung de facto auf einem Goldstandard. Der Aureus wurde erst durch den etwas leichteren Solidus unter Kaiser Konstantin (306–337 n. Chr.) abgelöst; die erste Münze dieses Typs wurde 309 in Augusta Treverorum (Trier) geprägt. Das ganze Mittelalter hindurch und bis 1453 blieb der byzantinische Solidus eine der wichtigsten Münzen.

Im Zuge der Reichsentwicklung raubten die Römer nicht nur keltisches, parthisches oder ägyptisches Gold. Vielmehr betrieben sie seit dem 1. Jahrhundert im nordiberischen Las Médulas und im walisischen Dolaucothi in großem Stil Bergbau. In beiden Fällen setzten sie Wasserkraft ein, um die Erze mit großem Druck aus dem Boden zu spülen. Allein in Las Médulas wurden zu diesem Zweck mehr als 300 Kilometer Wasserleitungen in die Berge gehauen; die Arbeiter waren Sklaven, die im Römischen Reich durchweg die harte Arbeit in den Minen leisten mussten. Diese Art der Goldförderung übersteige das Werk von Giganten, berichtete Plinius der Ältere, der selbst als Procurator der Provinz Tarraconensis tätig war: «Der zerbrochene Berg fällt weithin auseinander mit einem Krachen, das vom menschlichen Sinn nicht erfasst werden kann, zugleich auch mit einem unglaublichen Windstoß.» Noch heute ragen die kargen Überreste der ausgebeuteten Berge in den Himmel und können Besucher sich auf Wanderungen einen Eindruck von den Ausmaßen der Mine verschaffen. An beiden Orten hatten lange vor Ankunft der Römer Kelten bzw. Iberer Gold abgebaut, das fortan im Römischen Reich kursierte.

Ein Teil davon dürfte sogar bis ins ferne Südasien gelangt sein. Von einem nicht unbedeutenden Fernhandel mit Indien wissen wir aus einem Periplus – einer nautischen Reisebeschreibung –, der von einem unbekannten griechischen Kaufmann zwischen 40 und 70 n. Chr. verfasst worden ist; darin wird auch der Goldhandel mit den Bewohnern der ostafrikanischen Küste beschrieben. Auch dieser Bericht lässt sich verifizieren, da allein in Südindien elf bedeutende Münzhorte mit mehreren hundert römischen Gold- und Silbermünzen und etliche römische Keramiken mit entsprechenden Fundbestandteilen entdeckt wurden. Die nach Indien gelangenden Aurei wurden dort zumeist eingeschmolzen und neu geprägt. Gerade für nordindische Herrscher war es unerträglich, Münzen mit einem römischen Herrscherportrait im eigenen Reich kursieren zu sehen. Deshalb wurden sie in Münzbarren umgewandelt. Das genaue Gewicht und der Reinheitsgrad der römischen Münzen wurden hingegen im Osten sehr geschätzt und Letzterer beibehalten.

Dass man in Südostasien zu dieser Zeit Gold gefördert hat, wusste auch der griechische Geograph Ptolemäus, der von einer goldenen Halbinsel in Asien berichtete, die heute meist als die Malaiische Halbinsel identifiziert wird. Wo hingegen das Land *Sarnabhumi* (Sanskrit für das «goldene Land») zu verorten ist, von dem indische Quellen zeugen, darüber besteht Uneinigkeit zwischen Myanmar (Birma) und Thailand, die beide heute dieses Erbe für Vermarktungszwecke beanspruchen.

> *«Das rohe Gold ist in seiner Mine nicht mehr*
> *wert als Erde.* ‖ *Das Adlerholz, bleibt es an sei-*
> *nem Platz, muss als Brennholz es büßen.* ‖ *Doch*
> *wandert es aus in die Fremde, wie hoch ist sein*
> *Ansehen dort!* ‖ *Und verlässt der Goldstaub die*
> *Mine, so kannst du als Gold ihn begrüßen.»*
>
> Aus Tausendundeine Nacht

2. Messkelche, Reliquien und die Goldinflation Mansa Musas: Gold im Mittelalter

Schätze des Mittelalters

Das mittelalterliche Europa war arm an neuem Gold, aber reich an alten Legenden um verborgene Schätze. Beispielsweise wurde ein großer Schatz im berühmten Nibelungenlied besungen und erst Jahrhunderte nach seiner Entstehung aufgeschrieben (vermutlich um 1200). Die Sage vom Untergang des Burgunderreichs hatte einen realen Hintergrund in der so genannten Völkerwanderung. Burgunder waren Anfang des 5. Jahrhunderts in das Römische Reich eingedrungen und wurden als Verbündete am Rhein angesiedelt, wo sie die Grenzsicherung übernehmen sollten. Nachdem der burgundische König Gundahar vergeblich versucht hatte, militärisch die Kontrolle über die Provinz Belgica Prima zu erlangen, wurde sein Heer zunächst von den Römern geschlagen; im folgenden Jahr (436) wurde sein Reich mit Hilfe hunnischer Hilfstruppen völlig vernichtet. Im Epos gelten die Burgunder als sehr reich, weil sie über den Schatz der Nibelungen verfügten, den der Drachentöter Siegfried mit an den Hof König Gunthers nach Worms gebracht hatte. Nach dessen heimtückischer Ermordung und jüngst mit seiner Witwe Kriemhild vermählt, fordert ihr neuer Gemahl, der Hunnenkönig Etzel, die Auslieferung des Nibelungenhorts. Bevor die Burgunder an Etzels Hof aufbrechen, versenkt jedoch Hagen von Tronje den Schatz an einer tiefen Stelle im Rhein (*Lôche*). Die rachsüchtige Kriemhild will um jeden Preis – selbst um die Ermordung ihres Bruders Gunther – den Schatz zurück. Doch Hagen, den sicheren Tod vor Augen, nimmt im Zuge des blutigen Untergangs der Burgunden, sein Geheimnis mit ins Grab: «Jetzt weiß niemand außer Gott und mir, wo der Schatz liegt. Der wird dir, du Teufelin, für immer verborgen bleiben.»

Tatsächlich suchen bis heute gelegentlich Menschen nach dem Hort, der allerdings nie wieder aufgetaucht ist. Doch jedes Mal, wenn andernorts spätantike oder frühmittelalterliche Goldschätze gefunden werden, verleiht dies auch den Spekulationen um den verschollenen Burgunderschatz wieder neuen Auftrieb. Im 19. Jahrhundert wurde etwa im rumänischen Pietroasa ein Goldhort gefunden, der sich ebenfalls ins 5. Jahrhundert datieren lässt und der den Ostgoten zugeschrieben wird. Der 19 kg schwere Schatz bestand aus Fibeln, Ringen, Halsscheiben sowie goldenen Schalen und Trinkgefäßen und wurde von seinen Besitzern möglicherweise aus Furcht vor den herannahenden Hunnen verborgen.

Die Protagonisten der Nibelungensage und die Chronologie der Ereignisse stimmen natürlich nicht genau mit der historischen Faktenlage überein, lassen aber auf jeden Fall wieder die Bedeutung des Goldes in Spätantike und Mittelalter deutlich werden.

In Europa entstand seit dem 5. Jahrhundert allmählich eine neue Fürstenkultur, die sich vom Hunnenreich an der Donau bis zum frühen Merowingerreich in Gallien erstreckte. Bei allen ethnischen und kulturellen Unterschieden zeigen etliche Fürstengräber zwischen Kaukasus und Gallien eine Gemeinsamkeit: die Ausstattung mit goldenen Grabbeigaben. Über die Verwendung des Goldes bei nomadischen Völkern wie Skythen, Hunnen und später den Ungarn wissen wir abgesehen von den archäologischen Befunden und den Berichten ihrer Gegner weitaus weniger als über die Fürsten des europäischen Westens. Doch gleichgültig ob im Kaukasus oder in Iberien – überall häuften die Könige und Fürsten der in stetem Wandel begriffenen Personenverbände, die alles andere waren als ethnisch klar abgrenzbare Stämme oder gar Völker, Schätze aus Edelmetall an. Der Schatz kennzeichnete einen erfolgreichen Anführer und bildete dergestalt eine wichtige Stütze seiner Herrschaft. Wem es gelang, diesen in seine Hände zu bringen, besaß beste Aussichten, als Herrscher anerkannt zu werden und Anhänger an sich zu binden. Wer in einer solchen stark kriegerisch geprägten (Gewalt-)Gemeinschaft nicht über den Schatz gebieten konnte, war chancenlos, wenn es um die Anerkennung von Herrschaft ging.

Bereits die römischen Schatzhäuser hatten als Sammelstellen für Steuern und Zölle gedient. Dort wurden Gold- und Silbervorräte angehäuft, aus denen dann etwa der Sold für die Legionen ausbezahlt wurde. Nicht anders verhielt es sich mit den Königsschätzen, die neben Repräsentations- und Distinktionszwecken gelegentlich auch zur materiellen Befriedigung der Anhängerschaft dienten. Viele Quellen berichten umgekehrt von «Geschenken» der Anhänger an den Herrscher. Das erbeutete, geschenkte oder durch Zölle eingetriebene Edelmetall stabilisierte eine Herrschaft, die wesentlich auf den Konsens zwischen Gewalthaber und Anhängerschaft angewiesen war. So lässt sich auch die zentrale Stellung des Hortes in der heroischen Dichtung solcher Kriegergemeinschaften erklären. Bereits in der karolingischen Zeit nahm die politische Bedeutung des Goldschatzes ab. Die Herrschaft wurde religiös mit dem Gottesgnadentum und mit militärischen Erfolgen begründet und materiell mit der Zuweisung immobiler Ressourcen auf eine andere Grundlage gestellt. Die königliche Vergabe von Grund und Boden an Gefolgsmänner ersetzte die militärische Beute oder Gaben aus dem Schatz, doch in der Erinnerung und in den Epen lebte die herrschaftliche Bedeutung des Goldes fort.

Es fällt auf, dass nicht nur in den Epen und Sagen, sondern in den unterschiedlichsten Überlieferungen der Völkerwanderungszeit und des Frühmittelalters die Schätze und ihr Verbleib außerordentlich genau beobachtet wurden. Anlässlich der Thronfolge kam es darüber immer wieder zum Streit. Schätze wurden nicht zuletzt für politische Ziele eingesetzt – etwa um eine dynastisch vorteilhafte Heirat mit einer großen Mitgift zu unterstützen oder um unwillige Föderaten mit Subsidienzahlungen zu begütigen oder militärisch gefährliche Gegner zum Abzug zu

bewegen – eine besonders häufig im reichen Byzanz zu beobach-
tende Strategie.

Einer der erfolgreichsten Schatzräuber aller Zeiten dürfte
Karl der Große gewesen sein. Sein Feldzug gegen die heidnischen
Sachsen und die in der Kultstätte Irminsul erbeuteten Opfergaben vergrößerten den Königsschatz erheblich; das trug mit
dazu bei, dass er nach dem Tode seines Bruders die Anerkennung
als Herrscher über das Gesamtreich erreichen konnte. Einige
Feldzüge später brachte er nach den Schätzen der Langobarden
und des von ihm abgesetzten Baiernherzogs Tassilo auch den
Hort der Awaren in seine Gewalt: «Der gesamte Adel der Hunnen kam in diesem Kriege um, ihr ganzer Ruhm ging unter. Alles Geld und die seit langer Zeit angehäuften Schätze fielen in
die Hände der Franken, kein Krieg soweit Menschengedenken
reicht, brachte diesen so viel Reichtum und Macht. Denn während man sie [die Awaren] bis dahin als beinahe arm ansehen
konnte, fand sich nun in der Königsburg eine solche Masse
Gold und Silber, und in den Schlachten fiel so kostbare Beute
an, dass man mit Recht glauben durfte, die Franken hätten ge-
rechterweise den Hunnen das geraubt, was diese früher anderen
Völkern ungerechterweise geraubt hatten.» Die tendenziöse
Darstellung Einhards, des Biographen Karls des Großen, stellt
den Konflikt als Krieg gegen die heidnischen Feinde der christlichen Kirche dar, verschweigt aber nicht die materielle Bedeutung von Karls Feldzügen. Durch weitere Feldzüge im Rahmen
von Kommandounternehmen ins Awarengebiet gelangte noch
mehr Gold und Silber nach Aachen – eine wesentliche materielle Grundlage zum Ausbau der Königspfalz und für seine Geschenke an Klöster und Kirchen, die er in seinem Testament
großzügig bedachte.

Auf symbolischer Ebene blieb die Bedeutung des Goldes gerade für die Herrschaftsinsignien unverzichtbar. Die von Goldschmieden angefertigten Kronen und der königliche Ornat waren sichtbare Zeichen des Anspruchs auf Gleichrangigkeit mit
anderen Herrschern, insbesondere aber mit dem römischen Kaiser in Byzanz. Für das kapetingische Königtum der Franzosen
spielte das (angebliche) Schwert Karls des Großen eine große

Rolle. Die *Joyeuse*, deren Knauf und Parierstange ebenso wie
die Scheide aus Gold sind, wurde (bis 1789) im Kloster St. Dé-
nis aufbewahrt, von wo das Schwert dann bei Krönungen in
einer feierlichen Prozession nach Reims gebracht und während
der Krönung dem König überreicht worden war. Auch auf Hya-
cinthe Rigauds berühmtem Portrait trägt Ludwig XIV. an seiner linken Hüfte noch die «Joyeuse» und unterstreicht so die
dynastische Kontinuität und Legitimität seiner Herrschaft.

Von vergleichbarer Bedeutung waren im Heiligen Römischen
Reich Deutscher Nation die Reichskleinodien, zu denen mit
dem Reichsschwert und einem Säbel ungarischen Typs ebenfalls angebliche Waffen Karls des Großen gehören. Auch Klöster und Kirchen horteten größere Mengen Gold und ließen
durch geschickte Goldschmiede liturgische Gefäße, Kreuze und
Reliquiare herstellen. Die heute hinter einbruchssicheren Vit-
rinen ausgestellten Domschätze lassen die Kunstfertigkeit dieser Handwerker erkennen. Nicht immer waren diese Kirchen-
schätze sicher vor Eroberung und Plünderung, insbesondere im
9. Jahrhundert wurden viele der in Klöstern und Kirchen lagern-
den Edelmetalle von den Normannen geraubt. Eingeschmolzen
und für den Handel verwendet, gelangten sie mittelfristig wieder in den Wirtschaftskreislauf.

Karl der Große hatte zwar für seine Zeit unvorstellbar große Schätze gehortet, aber anders als die oströmischen und byzantinischen Kaiser keine eigenen Goldmünzen herausgegeben.
Es gibt nur eine einzige erhaltene Goldmünze aus dieser Zeit,
die ihn als Kaiser zeigt, aber wohl nie in Umlauf gelangt war.
Vielmehr wurde im Rahmen seiner Münzreform am Ende des
9. Jahrhunderts der Feingehalt der bereits existierenden Silber-
währung festgelegt. So sehr Karl in seiner herrschaftlichen In-
szenierung darauf achtete, dass er als gleichrangig mit dem Kaiser in Byzanz wahrgenommen wurde, so wenig folgte er dem
römischen Vorbild in dieser Hinsicht. Der bereits erwähnte byzantinische Solidus blieb die Leitwährung für den Mittelmeerraum und Europa. Diese Goldmünze wog ungefähr 4,5 Gramm.
Interessanterweise übernahmen viele Nachfolgereiche im Westen
nicht nur das römische Münzsystem, sondern auch die Münz-

motive und ließen deren Kaiser auf der Vorderseite abbilden; die Numismatik spricht hierbei von pseudo-imperialen Münzen.

Seit ca. 470 kam der Goldbergbau in Westeuropa fast völlig zum Erliegen, was im 6. und 7. Jahrhundert in vielen Regionen zu einem spürbaren Goldmangel führte. Selbst in Byzanz, das noch über einige bulgarische Bergwerke verfügte und im Übrigen sein Gold aus Nubien bezog, machte sich ein Mangel an Edelmetall bemerkbar. Unter den merowingischen Königen schließlich verschwanden die Goldmünzen als Zahlungsmittel fast vollständig, in der Regel wurde von fortan mit Silber bezahlt.

Gold aus dem Orient

Für den Fernhandel verlor das Gold seine Funktion als Zahlungsmittel hingegen nicht, denn sein vergleichsweise hoher Wert erlaubte größere Zahlungen, ohne allzu viel Edelmetall transportieren zu müssen. Während der Zusammenbruch des Römischen Reiches nur im Westen eine Zäsur bedeutete, konnte sich das oströmische Byzanz noch ein weiteres Jahrtausend behaupten. Selbst als das Reich schon sichtbar zusammenschrumpfte, blieb es eine wichtige Brücke zwischen «Abendland» und «Morgenland». Eine Schlüsselrolle kam der Stadt am Goldenen Horn so lange zu, wie sie die wichtigen Verbindungswege zwischen dem Indischen Ozean und dem Mittelmeer beherrschte: das Zweistromland sowie das Land am Nil und den nördlichen Zugang zum Roten Meer.

Zwischen ca. 530 und 930 kam das meiste Edelmetall nicht mehr aus den einstigen römischen Minen in Spanien, Wales oder Ägypten, vielmehr dominierte das Gold und Silber aus Zentralasien die Wirtschaft in der bekannten Welt (Europa, Asien und Afrika). Als der oströmische Gesandte Zemachos 568/569 am Hof des türkischen Großkhagans Sizabulos eintraf, präsentierte sich dieser auf einem goldenen Thron auf Rädern, inmitten vergoldeter Holzsäulen und mit einem goldenen Bett. Zemachos war von diesem Prunk tief beeindruckt, obwohl er die mit viel Gold verzierte Hagia Sophia und den an Pracht nicht gerade armen Hof in Konstantinopel aus eigener Anschauung kannte.

Weil das Byzantinische Reich im Handel zwischen Europa und Asien nicht umgangen werden konnte, profitierte es ganz besonders vom transkontinentalen Fernhandel und konnte auf diese Weise neues Gold erlangen. Auch deshalb blieb der byzantinische Solidus die wichtigste Goldwährung. Doch mit der arabischen Expansion des 7. Jahrhunderts verschoben sich die politischen Gewichte. Fortan bildete der Islam eine wichtige kulturelle und wirtschaftliche Brücke zwischen Asien, Europa und Afrika. Wie schon im Westen wurden interessanterweise auch in den arabischen Reichen zunächst die byzantinischen Münzen nachgeahmt; so ruhte der Dinar auf dem Münzfuß des Solidus und blieb dann seinerseits für Jahrhunderte die wichtigste Goldwährung. Die auch im Ostfrankenreich nicht seltenen arabischen Gold- und Silbermünzen stammten meist aus dem Verkauf vor allem von slawischen Sklaven und konnten für den Import von Luxusgütern eingesetzt werden. Insbesondere das später als «goldene Stadt» gerühmte Prag war im 10. Jahrhundert einer der wichtigsten Sklavenmärkte. Welche Rolle der Sklavenhandel für den europäischen Wirtschaftsaufschwung spielte, ist wissenschaftlich umstritten; die Sklaven wurden vielfach in den arabischen Raum verkauft.

Die Araber hatten Konstantinopel noch vergeblich belagert, aber sie eroberten auf dem Balkan weite Teile des vormals römischen Orients und drangen westwärts bis an den Atlantik und auf die Iberische Halbinsel vor. Sie selbst förderten kaum Gold, nutzten aber das vergrabene Gold der Ägypter und bezogen weiteres Gold aus dem Saharahandel. Von der afrikanischen Nordküste bis ans Rote Meer bildete sich seit dem 12. Jahrhundert ein Wirtschaftsraum heraus, in dem die Goldwährung dominierte. Man kann deshalb im wörtlichen wie im übertragenen Sinne von einem «goldenen Zeitalter des Islam» sprechen. Nördlich davon, im christlichen Europa, beruhte das Zahlungssystem wesentlich auf einem vom 13. bis zum 15. Jahrhundert florierenden Silberbergbau. Nachdem früher bereits der innereuropäische Sklavenhandel zurückgegangen war und vor allem Menschen aus Osteuropa und dem Schwarzmeergebiet verkauft worden waren, gelangte nun durch die Kreuzzüge wieder Gold ins Heilige Römische Reich.

Das Edelmetall wurde nicht nur im «Heiligen Land» den «Heiden» entwendet, sondern den Kreuzfahrern fielen solche «Summen an Gold und Silber» bei der Eroberung und Plünderung des
christlichen Konstantinopels (1204) in die Hände, «dass sie mit
einem Schlag allesamt aus ärmlichen Abkömmlingen zu reichen
Bürgern wurden» (Gunther von Pairis). Etliche goldene Kunstwerke in deutschen, französischen und italienischen Dom- und
Klosterschätzen stammen aus diesem Krieg. Auch im nördlichen
Spanien brachten Feldzüge gegen die muslimischen Nachbarreiche eine größere Goldbeute, oder man konnte unter militärischem Druck entsprechende Tribute erzwingen. Jüdische Kaufleute aus Almeria und Mallorca wiederum kauften im Maghreb
afrikanisches Gold und verkauften es gegen Silber. Weil es in
Europa vergleichsweise viel Silber und weniger Gold gab, in
den Reichen des Maghreb hingegen wenig Silber und mehr
Gold, bestanden erhebliche Preisunterschiede. In Europa lag
der Wechselkurs von Gold zu Silber lange bei 1:10 bis 1:12,
hingegen betrug er im Maghreb nur 1:6 bis 1:8. Das ermöglichte sehr einträgliche Arbitragegeschäfte. Vom Kauf des afrikanischen Goldes mit europäischem Silber profitierten außerdem die aufstrebenden italienischen Handelsstädte Genua, Pisa,
Florenz und Venedig. Genua und Florenz prägten schon 1252
wieder Goldmünzen (den Genovivo und den Florentiner Gulden, woraus sich die lange gebräuchliche Abkürzung *fl.* für Gulden ableitete). Besonders erfolgreich aber waren seit 1284 –
nicht zuletzt wegen ihres hohen und über 500 Jahre unveränderten Reinheitsgrades – venezianische Dukaten.

Mit dem afrikanischen Gold nahmen auch die entsprechenden Goldhandwerke einen neuen Aufschwung. In Köln etablierte sich sogar eine Zunft der Goldspinnerinnen, die Goldfäden in
Luxusstoffen verwebten.

Während Altamerika damals noch einige Jahrhunderte von
den zweifelhaften Segnungen europäischer Wirtschaftsinteressen verschont bleiben sollte, waren es in Mexiko vor allem die

Mixteken (ab ca. 1000 v. Chr.), die ein kunstvolles Goldhandwerk ausbildeten. Sie wurden dann 1460 n. Chr. von den Mayas
unterworfen, deren goldene Artefakte allerdings fast ausschließlich Arbeiten mixtekischer Goldschmiede waren. Größere Bedeutung hatte demgegenüber das Gold für einige südamerikani-
sche Gesellschaften, wenn auch die Rolle des Goldes dort nicht
so herausgehoben war wie in Eurasien und das Edelmetall deshalb vergleichsweise häufiger in Legierungen verwendet wurde.
Gold als Zahlungsmittel oder zur Hortung war dort gar nicht
bekannt. Doch wie in Eurasien machte sein anhaltender Glanz
das Gold zu einem beliebten Material für Kult- und Kunst-
gegenstände, von denen später die meisten im Zuge der spanischen Plünderungen eingeschmolzen wurden. Das Museo del
Oro in Bogotá zeigt ein beeindruckendes Spektrum entspre-
chender Kunstwerke und hat jeder der goldverarbeitenden präkolumbischen Kulturen einen eigenen Ausstellungsraum ge-
widmet. Bedeutend waren im Gebiet des heutigen Kolumbien
vor allem die Calima (ca. 1600 v. Chr.–ca. 1700 n. Chr.), die
Quimbaya (bis 1539), die Zenú (ca. 200 v. Chr.–ca. 1600), die
Tairona (ca. 200 v. Chr.) und die Muisca (ca. 650–1538), die
über je sehr eigene Stile der Verarbeitung verfügten. Den Tolita
(ca. 500 v. Chr.–500 n. Chr.) an der Küste Ecuadors gelang sogar die Verbindung von Gold mit Platin, die Prä-Inka-Kulturen
der Moche (100–700), der sie ablösenden Sicán (ca. 700–1375)
und der Chimú (900–1470) schufen gleichfalls eindrucksvolle
Kunstwerke. Noch vor den Spaniern wurden sie von den Inkas
unterworfen. Im Gegensatz zu Afrika waren die Amerikas bis
ins 16. Jahrhundert nicht in die transkontinentalen Handelsströme eingebunden.

Das Gold Afrikas

Am Silvestertag 1932 bestiegen vier weiße Abenteurer den Ma-
pungubwe-Hügel in der südafrikanischen Provinz Limpopo, um
eine alte Begräbnisstätte der «Eingeborenen» zu plündern. Zwischen den Steinen und nach dem Aufbrechen der Gräber fanden
sie zahlreiche Perlen und Objekte aus Gold, darunter Bruch-

stücke des später rekonstruierten und heute berühmten goldenen Rhinozeros. Die handtellergroße Figur wird auf den Zeitraum zwischen 1040 und 1270 datiert und gilt als einer der ältesten Nachweise für Goldbergbau und kunstvolles Goldhandwerk im südlichen Afrika. Die Funde wurden in der regionalen Presse zwar bekannt und die Stätte bald darauf systematisch ausgegraben, doch ihre Bedeutung wurde in der nationalen Erinnerung Südafrikas unterdrückt und in den Geschichtsbüchern lange verschwiegen. Die auf strikter Rassentrennung beruhende Gesellschaft zeigte wenig Interesse daran, das Wissen über vorkoloniale, sozial differenzierte und arbeitsteilig wirtschaftende afrikanische Gesellschaften zu verbreiten. Das burische Geschichtsbild propagierte vielmehr die (falsche) Vorstellung eines unbesiedelten Landes, einer *Terra Nullius*, das erst durch die weißen Siedler in Besitz genommen und kultiviert worden sei; gegenteilige Befunde wurden unterschlagen. Tatsächlich aber hatten sich im südlichen Afrika bereits tausend Jahre vor den ersten weißen Siedlern, zwischen dem 7. und 10. Jahrhundert, neue Formen des Wirtschaftens herausgebildet, dessen Repräsentanten sich mit Gold- und Elfenbeinexporten am Fernhandel des Indischen Ozeans beteiligten und ein eigenes Metallhandwerk entwickelten. Ihren regionalen Höhepunkt erreichte diese Entwicklung mit der Entstehung von Groß-Simbabwe, im Gebiet des heutigen Simbabwe, das sich nach der Unabhängigkeit nach diesem Königreich benennen sollte. Auch dort, im vormaligen Apartheidstaat Rhodesien, war die Geschichte dieses Regionalreichs systematisch heruntergespielt worden. Benannt nach seiner steinernen Ruinenstadt, erlebte es seine Blütezeit zwischen 1270 und 1550, bis es nicht unter dem Druck portugiesischer Invasoren, sondern wegen innerer Konflikte zugrunde ging. Die in seinen Ruinen gefundenen persischen Schalen belegen ebenso wie chinesisches Porzellangeschirr und Glas aus dem Nordosten Afrikas einen lebhaften Fernhandel. Auf der Suche nach dem Gold waren auch arabische und persische Händler die afrikanische Ostküste entlang nach Süden gesegelt, beispielsweise im Jahr 916 der Geograph al-Masudi. Er berichtet in seinem «Buch der Goldwiesen und

Edelsteingruben» von den wertvollen Gold- und Elfenbeinexporten aus der Hafenstadt Sofala im heutigen Mosambik. Diese
und andere Berichte von Seefahrern sind in «Tausendundeine
Nacht» märchenhaft verarbeitet worden und haben mit der Figur des Sindbad Eingang in die Weltliteratur gefunden.

Noch mehr Gold aus dem vorkolonialen Afrika gelangte im
Karawanenhandel durch die Sahara an die Mittelmeerküste.
Die Berber hatten auf ihren Eroberungszügen, die sie auf Kame-
len als neu eingeführten Reittieren auch ins südliche Marokko
führten, in den 730er Jahren dort reiche Goldbeute gemacht; sie
waren aber nicht bis zu den Goldfeldern in Bambouk vorge-
drungen (im östlichen Senegal). Die ältesten bislang nachgewie-
senen Goldfunde Westafrikas stammen aus Djenné (7./8. Jahrhundert) im heutigen Mali. Aus dem ersten Jahrtausend fanden
sich dort mit Ausnahme einiger Glasperlen jedoch keinerlei
Objekte aus dem Mittelmeerraum. Daraus wird geschlossen,
dass die Gebiete nördlich der Sahara für das westafrikanische
Handelsnetz unbedeutend waren. Das Reich Ghana (nach dem
sich später die ehemalige Kolonie der Goldküste benannte, obwohl dieses geographisch weiter im Norden gelegen hatte) erlebte seine größte Ausdehnung im 11. Jahrhundert. Die Soninke
(Gründer des Ghanareiches) kontrollierten das Goldfeld von
Bambouk und die wichtigste Nord-Süd-Handelsroute, die parallel zum Atlantik verlief.

Zu dieser Zeit machten in Andalusien erste Reiseberichte die
Runde, die von einem sagenhaft reichen Königshof jenseits der
Wüste erzählten. Aus zweiter Hand berichtete der andalusische
Geograph al-Bakri von goldenen Kronen, goldbestickten Pfer-
deüberhängen, goldenen Schilden und sogar mit Gold und Silber besetzten Hundehalsbändern. Diese Verheißung großen
Goldreichtums zog geradezu magnetisch neue Eroberer an. Ob
aber, wie in arabischen Quellen geschildert, den Almoraviden
(eine Berberdynastie, die über weite Teile Iberiens und Nord-
westafrikas herrschte) kurz darauf die Eroberung des Ghanareiches gelang, ist heute umstritten. Zumindest gelangte eine
größere Menge des ghanaischen Goldes in ihre Hände, so dass
die Prägung von Goldmünzen deutlich zunahm. Im islamischen

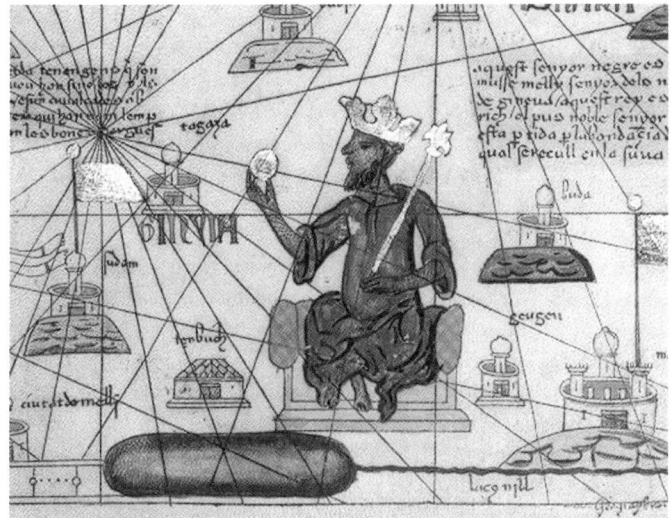

Abb. 2: Im Katalanischen Weltatlas von 1375 wurde der König von Mali
mit goldener Krone, Zepter und einem Goldklumpen dargestellt.

Kulturraum galt das Prägen von Goldmünzen als ein Privileg
des Kalifen, deshalb konnte die Almoraviden-Dynastie auf diese
Weise ihren Anspruch auf das Kalifat unterstreichen. Das Reich
von Ghana war damals so geschwächt, dass es bald darauf von
den islamisierten Maninke überrannt wurde, die das Reich von
Mali errichteten und im 14. Jahrhundert eine große westafrikanische Region von Timbuktu bis an den Atlantik dominierten.
Parallel zum Niedergang Ghanas wurden in Buré neue Goldvorkommen entdeckt und gefördert. Allerdings verzichteten die
Könige Malis auf eine unmittelbare Kontrolle und begnügten
sich mit Tributzahlungen. Befürchteten sie doch, den Fehler der
Könige von Ghana zu wiederholen, deren Kontrollanspruch
dazu geführt hatte, dass die Bergleute sich dem herrschaftlichen
Zugriff entzogen hatten und die Goldförderung fast völlig zum
Erliegen gekommen war.

Der Weltreisende Ibn Battuta besuchte 1352/53 den Herrscher-
hof von Mali und berichtete von dessen unerhörtem Reichtum.

Die Kunde davon gelangte bis nach Westeuropa, wo der Katalanische Weltatlas (ca. 1375) das Bild eines auf einem Thron sitzenden, dunkelhäutigen Königs mit Goldkrone zeigt, der in der linken Hand ein goldenes Zepter hält und mit der rechten einen Goldklumpen vorweist. Selbst noch im goldreichen Land am Nil staunten die Ägypter nicht wenig, als 1324 ein dunkelhäutiger islamischer Herrscher aus dem Land jenseits der großen Wüste mit einem Gefolge von 60000 Menschen erschien und Gold mit vollen Händen ausgab. Damals hatte sich als gläubiger Muslim der Mansa von Mali, Musa Keita I. (ca. 1280–1337), zu einer Pilgerfahrt nach Mekka aufgemacht. Nach zeitgenössischen Angaben soll jedes Mitglied seines Gefolges Goldbarren von 1,8 kg getragen haben, darüber hinaus soll die Reisegesellschaft 80 mit Gold beladene Kamele mitgeführt haben. Mit diesem Gold wurden nicht nur die Reisekosten bestritten – Musa verteilte wohl so viel an die Armen auf seinem Weg, dass er für die Rückreise einen Kredit aufnehmen musste. Auch wenn sich die genaue von Mansa Musa mitgeführte Goldmenge nicht mehr bestimmen lässt, so hatte das auf seinem Hajj ausgegebene Gold eine wirtschaftlich verheerende Wirkung und sorgte für einen massiven Wertverfall des Edelmetalls. Selbst ein Jahrzehnt nach seiner Reise hatte sich der Wert des Dinars in Ägypten immer noch nicht wieder vollständig erholt, und lange blieb die Erinnerung an seine Reise lebendig. Mansa Musa war einer der reichsten Menschen aller Zeiten und vermutlich auch der Einzige, der jemals alleine den Goldpreis in weiten Teilen der bekannten Welt bestimmte. Es ist wohl eher eine Koinzidenz mit europäischen Entwicklungen, dass auch das Malireich gegen Ende des Mittelalters an Einfluss verlor und seit dem frühen 15. Jahrhundert vom Songhaireich verdrängt wurde.

Die Berichte vom Goldreichtum Afrikas motivierten schließlich portugiesische Seefahrer und marokkanische Expeditionen durch die Wüste, nach seinen Ursprüngen zu suchen und die Quellen zu erobern. Wie schon im europäischen Mittelalter und im arabischen Transsaharahandel sollte es dabei zu verhängnisvollen Verknüpfungen von Gold- und Sklavenhandel kommen.

3. Auf der Suche nach *El Dorado*:
Das Gold der Neuen Welt

Das Gold der Neuen Welt

Die Suche nach Gold befeuerte nicht nur die portugiesischen,
sondern auch die spanischen Abenteurer, Entdecker und Konquistadoren. Das geht bereits aus dem ersten Schriftstück her-
vor, das über die Neue Welt berichtet – das Bordtagebuch des
Christoph Columbus. Gleich am zweiten Tag nach seiner Ankunft wollte er von den Indigenen erfahren, «ob in dieser Ge-
gend Gold vorkomme». Denn er bemerkte, dass «einige von
diesen Männern die Nase durchlöchert und durch die Öffnung
ein Stück Gold geschoben hatten». Diese Beobachtung drängte
allen Missionseifer in den Hintergrund. «Es gibt hier sicherlich
eine Unmenge Dinge, die ich nicht kennenlernte, weil ich nicht
Zeit verlieren wollte, um viele andere Inseln anzusteuern, wo
ich Gold zu finden hoffte. Da nun das Gold, welches die Insel-
bewohner an ihren Armen und Beinen tragen, tatsächlich echtes
Gold ist», entschied sich Columbus, «nach Südwesten vorzudringen, um nach Gold und Edelsteinen zu suchen». An mehr
als 65 Stellen wird in diesem Bericht Gold erwähnt. Auch im
Sand einer Flussmündung entdeckten die Spanier winzige Gold-
körner. Als sie ihre Heimreise nach Spanien antraten und eine
kleine Garnison von 40 Soldaten auf Hispaniola zurückließen,
war allen Teilnehmern klar, dass man wiederkommen würde,
um die Quellen dieses Goldes aufzuspüren. Legenden vom sagenhaften Goldreichtum der Länder jenseits des Atlantiks fanden dort ihren Ursprung.

Columbus kehrte im folgenden Jahr mit einer ganzen Armada zurück. Er fand das kleine Fort zerstört, die Besatzung war als Folge ihres gewalttätigen Auftretens von den zunächst freundlichen Awaken getötet worden. Die spanische Reaktion lässt bereits das Muster erkennen, dem die Europäer folgten, sobald sich indigener Widerstand regte: Die Awaken wurde versklavt und schließlich völlig ausgelöscht. Wie in allen Kolonialkriegen gingen die Europäer mit äußerster Brutalität gegen die Bevölkerung vor. Kam Edelmetall ins Spiel, kannten sie in ihrer Gier, Rücksichtslosigkeit und Gewalttätigkeit keine Grenzen mehr. Die Spanier begannen, die Goldvorkommen im Nordosten Hispaniolas auszubeuten. Zu diesem Zweck führten sie mangels einheimischer Arbeitskräfte afrikanische Sklaven ein. Nur die Missionare kritisierten von Anfang an das Vorgehen der Kolonisatoren scharf. «Sagt, mit welcher Gerechtigkeit haltet ihr jene Indios in einer so grausamen und schrecklichen Knechtschaft? […] Wie könnt ihr sie so unterdrücken und plagen, ohne ihnen zu essen zu geben, noch sie in ihren Krankheiten zu pflegen, die sie sich durch das Übermaß an Arbeit, die ihr ihnen auferlegt, zuziehen, und sie dahinsterben lassen, oder deutlicher gesagt, töten, nur um täglich Gold zu graben und zu erschachern?» Diese Anklage schleuderte der Dominikaner Antonio de Montesinos den spanischen Kolonisten ins Gesicht (1511).

Für die indigene amerikanische Bevölkerung erwies sich die Sucht nach Gold als tödlich. Schnell lernten auch die Azteken in Mexiko (1519), wie sehr die Spanier das gelbe Metall begehrten. Zunächst hatten sie die Neuankömmlinge noch mit goldenen Fahnen und Ketten sowie den für sie besonders wertvollen Quetzalfedern beschenkt: «Wie Affen hoben sie das Gold auf. Es war, als ob sie zufriedengestellt worden seien, als ob ihr Herz neu und erleuchtet würde. Wirklich! Sie dürsten mächtig nach Gold, ihr Körper streckt sich, sie werden wie wild vor Hunger danach. Wie hungrige Schweine waren sie gierig nach Gold.» Den Spaniern unter Hernán Cortés gelang es zwar, sich des aztekischen Herrschers Moctezuma zu bemächtigen und reiche Goldbeute zu machen. Doch bald darauf saßen sie eingeschlossen in der Hauptstadt Tenochtitlán fest, die mitten in einem See lag und deren Zugangsdämme die Azteken abgebrochen hatten. Bei ihrem Fluchtversuch in der *Noche Triste* ertranken etliche der schwer mit Gold beladenen Spanier im Texcocosee; die meisten aber wurden von Azteken getötet oder später ihren Göttern geopfert. Nur eine ausbrechende Pockenepidemie rettete die Überlebenden und ermöglichte ihnen gemeinsam mit ihren indianischen Verbündeten den Sieg über die geschwächten Aztekenkrieger. Cortés schickte König Karl I. (dem künftigen Kaiser Karl V.) einige kunstvolle Artefakte aus dem Schatz der Azteken, deren Ausstellung Albrecht Dürer 1520 auf einer Reise nach Brüssel bewunderte: «Ich hab aber all mein Lebtag nichts gesehen, das mein Herz also erfreuet hat als diese Ding.»

In Peru verfuhr der Konquistador Francisco Pizarro ähnlich wie Cortés und brachte den Inkaherrscher Atahualpa in seine Gewalt, um ein hohes Lösegeld zu erpressen. Wieder wurden einige Goldkunstwerke der Inka als Geschenke an die Krone gesandt, die Masse aber wurde noch in Cusco eingeschmolzen und unwiederbringlich zerstört. Überall im Inkareich plünderten die Konquistadoren Gold und Silber und verfrachteten es in Barren nach Europa. Der eigentliche Edelmetallreichtum Amerikas stammte aber nicht aus den Plünderungen. Pizarros Eroberung brachte nicht mehr als ungefähr 5 t Gold. Vielmehr kam das meiste aus den Silberminen in Zacatecas (Mexiko) und Potosí (Peru). Die Goldbeute Pizarros relativiert sich auch im Vergleich zur Förderung in Europa, die um 1400 noch bei ungefähr 4 t jährlich gelegen hatte. Man schätzt, dass sich durch die Eroberung Perus die in der Alten Welt vorhandene Goldmenge um nicht mehr als ein Prozent vermehrt hat. Trotzdem sorgte diese Zufuhr an Edelmetall für ein kurzzeitig stark wachsendes Angebot an Gold. Wichtiger wurden die Silberflotten, die den neuerlich eingetretenen Edelmetallmangel Europas beendeten. Die Schatzschiffe zogen aber auch niederländische und englische Freibeuter an. Die Verluste durch Piraterie waren dabei jedoch geringer als jene durch Naturgewalten – mehr als 400 Schiffe sanken auf dem Weg über den Atlantik. Insgesamt gelangten zwischen 1503 und 1660 ungefähr 181 t Gold und fast 17 000 t Silber nach Spanien. Nach Schätzungen, die auch das unterschlagene und geschmuggelte Gold berücksichtigen, kamen insgesamt ungefähr 300 t in Cádiz an. Mit diesen Edelmetallen konnte Karl V. seine kostspieligen Kriege gegen seinen französischen Dauerrivalen Franz I. finanzieren. Nicht zuletzt deshalb kam von der reichen Beute und den Schätzen der Neuen Welt kaum etwas der spanischen Wirtschaft zugute. Auch die spanischen Aristokraten nutzten das Edelmetall, um damit Konsumgüter zu importieren, so dass Gold und Silber schnell wieder abflossen und die einheimische Produktion nicht gefördert wurde. Und die Vertreibung der jüdischen und muslimischen Geschäftsleute verstärkte diesen Effekt zusätzlich. Die negative Handelsbilanz sorgte zusammen mit den hohen Ausgaben für die dynastischen Kriege für eine hohe Inflation und hohe Kreditkosten. Obwohl der König von Spanien über ein Reich gebot, in dem die Sonne niemals unterging, trotz der reichen Beute der Konquistadoren und der neu erschlossenen Minen, floss das Edelmetall, so schnell, wie es gekommen war, wieder ab. Das meiste gelangte nach Genua und ausgerechnet ins aufständische Amsterdam. Das Königreich Spanien war unter Karls Nachfolger Philipp II. gleich dreimal gezwungen, die Zahlungsunfähigkeit zu erklären (1557, 1575, 1596).

Die Portugiesen, denen im Vertrag von Tordesillas die Gebiete östlich des 36. Längengrades zugesprochen wurden, tauschten an der afrikanischen Küste ihre maurischen Gefangenen gegen Gold. Auf ihren Fahrten entlang der Küste erwarben sie von den Afrikanern Sklaven, Elfenbein und Gold aus dem Hinterland. Sie gelangten zwar auch bis zu den afrikanischen Goldminen, konnten diese aber nicht unter ihre Kontrolle bringen, so dass sie das meiste Gold weiterhin im Tauschhandel erstanden. Auch in Amerika stießen sie auf ihren Expeditionen auf der Suche nach dem sagenhaften *El Dorado* tief in bis dato unbekannte Gebiete vor. Bei ihnen hatte sich wie bei den Spaniern die Legende von einem indigenen König verbreitet, dessen Körper bei Herrschaftsbeginn ganz mit Goldstaub überzogen würde und der mitten in einem See auf einem Floß den Göttern reiche Goldopfer darbringe. Die angebliche Kunde von einer goldreichen Stadt stimulierte viele spanische und portugiesische Expe-

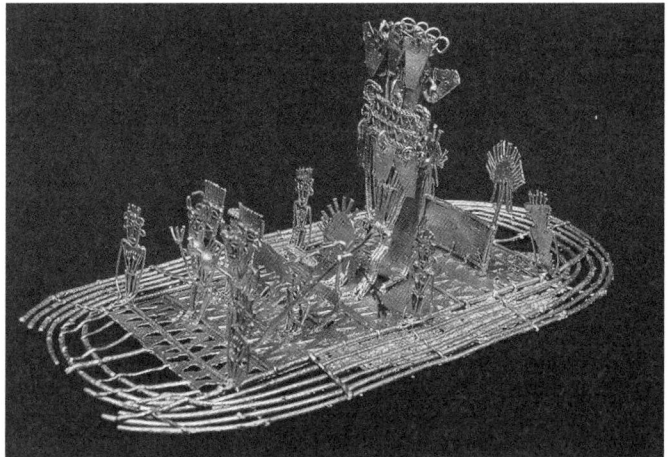

Abb. 3: Das vorkolumbianische Goldfloß der Muisca zeigt ein
Opferritual, bei welchem der Herrscher mit Goldstaub bepudert wird
und dieses im Wasser des Sees abwäscht. Die 1969 gefundene,
19,5 cm lange Plastik schien die Legende von *El Dorado*, dem goldenen
Herrscher, zu bestätigen.

ditionen ins Hinterland beider Amerikas. Als drei Bauern schließlich 1969 in Kolumbien eine ca. 20 Zentimeter große, goldene
Plastik der Muisca (Chibcha) fanden, die eine Opferszene zeigte,
glaubte man den Beleg für die reale Existenz des Brauchs gefunden zu haben. Selbst die kurze deutsche Episode aus der
Zeit der Konquistadoren ist mit der Suche nach *El Dorado* verknüpft. Als Kaiser Karl V. dem Augsburger Handelshaus der
Welser seinen Kredit für die Kaiserwahl nicht zurückzahlen
konnte, überließ er ihnen im Gegenzug das amerikanische
Gebiet von Klein-Venedig (Venezuela) als Lehen. Auch die Welser ließen nichts unversucht, um zum legendären *El Dorado*
vorzudringen. Ihr Hauptmann Philipp von Hutten war dabei
aber ebenso erfolglos wie später der wegen seiner Grausamkeit
gefürchtete Spanier Lope de Aguirre (dessen gescheiterte Expedition Werner Herzog mit Klaus Kinski in der Hauptrolle
eindrucksvoll verfilmte). *El Dorado* blieb ein Mythos, die sa

genhafte goldene Stadt wurde nie gefunden. Auf dem Gebiet des heutigen Kolumbien erschlossen die Spanier aber dennoch einige Goldfelder und brachen in ihrer Gier alle präkolumbischen Gräber auf, in denen sie Metallschmuck vermuteten.

Im Vergleich zu den Silberminen blieb die Goldförderung der Neuen Welt im Hinblick auf die Erträge so lange zurück, bis in Brasilien aufsehenerregende Funde gemacht wurden. Aus ihrer amerikanischen Kolonie exportierten die Portugiesen zunächst vor allem den Farbstoff Brasilholz und Rohrzucker. Private *Bandeirantes* und staatliche Expeditionstrupps (*Entradas*) suchten weiter nach Gold, vor allem aber gingen sie auf Sklavenjagd für die Zuckerrohrplantagen. Als 1693 im brasilianischen Minas Gerais tatsächlich Gold entdeckt wurde, boomte die Region. Der erste moderne Goldrausch hatte begonnen. Das kleine Ouro Preto (deutsch: Schwarzes Gold) entwickelte sich rasch zu einer der größten Städte Amerikas, um 1750 zählte es doppelt so viele Einwohner wie New York. Ungefähr 400000 Portugiesen zogen mit einer halben Million ihrer afrikanischen Sklaven nach Minas Gerais, um am Goldrausch teilzuhaben. Wie in den Silberbergwerken der Spanier in Potosí war auch das Goldschürfen und der Abbau mit Zwangsarbeit, hier vor allem mit Sklavenarbeit verbunden. Der durch den Goldrausch ausgelöste Arbeitskräftemangel auf den Zuckerrohrplantagen intensivierte wiederum den atlantischen Sklavenhandel (und sorgte damit für eine Zunahme von Sklavenjagden auf dem afrikanischen Kontinent). Einige der Sklaven konnten genug Gold finden, um eigene Sklaven zu beschäftigen oder um sich von ihrem «Besitzer» die eigene Freiheit zu erkaufen.

Die gefundenen Vorkommen waren sehr ertragreich: Brasilien lieferte im 18. Jahrhundert ungefähr 1000 t Gold, was mehr als 60 Prozent der in diesem Zeitraum weltweit geförderten Menge entspricht. Doch so wenig wie die Spanier wurden die Portugiesen durch die Rohstoffe aus der Neuen Welt reich. Das notorische Handelsdefizit Portugals mit dem verbündeten England sorgte dafür, dass das meiste Gold zur Finanzierung der Importe nach England ging. Aber auch dort hatte die Menge hereinströmenden Edelmetalls nicht nur positive Folgen.

Die Edelmetallschwemme und ihre Folgen für Europa

Die Entdeckung und Ausbeutung der amerikanischen Vorkommen und der sich parallel dazu intensivierende europäische Silberbergbau sorgten dafür, dass sich im 16. Jahrhundert die verfügbare Menge an Gold und Silber gegenüber 1492 verfünffachte. Neben der damit verbundenen Ausweitung des Fernhandels, der Amerika mit Europa und Asien verband, brachte diese Edelmetallschwemme den Europäern nicht den erhofften Reichtum, sondern eine auch noch in China und Indien spürbare Inflation. Eine durchschnittliche Inflationsrate von 1 bis 1,5 Prozent erscheint heutigen Betrachtern wenig, doch im europäischen Wirtschaftssystem des 16. Jahrhunderts war sie gravierend. Weil die iberische Nachfrage nach Waren zunahm und damit von der Halbinsel viel Silber und Gold in andere Länder strömte, stiegen auch die Agrar- und Handwerkspreise für viele Produkte. Bereits der französische Staatstheoretiker Jean Bodin führte die Preisrevolution (wie zwei Jahrhunderte später Adam Smith) auf den Überfluss an amerikanischem Gold und Silber zurück. Irritierenderweise erwiesen sich ausgerechnet die so lange wertstabilen Edelmetalle Silber und Gold als Inflationstreiber. Bodin verwies zudem auf die staatlichen Handelsmonopole (etwa auf Tabak oder Zucker), die Kriegszerstörungen und den Luxuskonsum der oberen Klassen. Allerdings diskutieren bis in die Gegenwart Wirtschaftshistoriker, ob dieser Anstieg der Nahrungsmittel- und Warenpreise nicht eher auf die nach den Pestwellen wieder steigenden Bevölkerungszahlen zurückzuführen ist, weil mit der demographischen Entwicklung auch die Nachfrage stieg.

Fragt man danach, wer letztlich von den Edelmetallimporten profitierte, so waren das nicht etwa die Fugger und Welser, die einst die Kaiserwahl Karls finanziert hatten, sondern die Republik Genua. Deren Kaufleute hatten nicht nur früh Expeditionen der Portugiesen mitfinanziert, sie spielten auch im europäischen Kreditsystem eine Schlüsselrolle und verdrängten die Augsburger als Financiers der spanischen Krone. Deren Staatsbankrott von 1557 hatte vor allem die Welser hart getroffen.

Mit diesem Ereignis begann das bis 1627 dauernde «Zeitalter der Genuesen» (Fernand Braudel). Ihrer Fähigkeit, die Geld- und Edelmetallströme zu steuern, musste sich schließlich sogar Philipp II. beugen. Als er 1575 den Staatsbankrott erklärte und den Genuesen fällige Zahlungen verweigerte, blockierten diese erfolgreich alle Goldlieferungen an die spanische Söldnerarmee in den Niederlanden. Philipp war machtlos, seine meuternden Soldaten gerieten außer Kontrolle. Sie zerstörten und plünderten die Stadt Antwerpen, das blutige Ereignis wurde als «Spanische Furie» bekannt. Der spanische Monarch musste einlenken. Antwerpen verlor seine bis dahin führende Stellung im Seehandel bald darauf an Amsterdam und London.

Wie schon im Mittelalter gab es im Europa der Frühen Neuzeit immer wieder große Probleme, den Wert einer Währung zu garantieren und so die eigene Kreditwürdigkeit zu sichern. Für diese Frage war neben der Münzqualität auch das Preisverhältnis von Gold zu Silber von zentraler Bedeutung. In England konnten etwa die Goldmünzen in einem festen Verhältnis bei der Royal Mint in Silber umgetauscht werden. Weil mit dem Beginn des 17. Jahrhunderts aber sehr viel Silber aus Mexiko und Peru nach Europa gelangte, sank der Silberwert im Verhältnis zum Gold drastisch. Man musste also immer mehr Silber aufwenden, um an Gold zu kommen. Während in England 15 Unzen Silber nötig waren, um eine Unze Gold zu erhalten, war in Indien der Silberpreis so hoch, dass man die Unze Gold zur gleichen Zeit schon für zehn Unzen Silber tauschen konnte. Der wirtschaftliche Anreiz, diese Preisdifferenz zu nutzen und Silber nach Indien zu exportieren (ein Arbitragegeschäft), war enorm. Das sorgte für einen starken Goldimport, weil etliche Geschäftsleute die Chance nutzten, das Gold zum festen Kurs gegen Silbermünzen zu tauschen, diese einschmelzen zu lassen und die Silberbarren dann wieder zum deutlich höheren Kurs in Indien abzusetzen. Das verlieh dem Ostindienhandel großen Auftrieb. Drei Viertel des Warenwerts eines Ostindienfahrers bestand aus Gold und vor allem Silber. Die niederländische Vereinigte Ostindische Kompanie (VOC) und ihr englisches Pendant, die East India Company, erwarben dafür in Indien und China Luxuswaren wie Gewürze, Seide und Tee. Die Inder und Chinesen zeigten nur wenig Interesse an den gängigen europäischen Handelswaren wie etwa englischen Tuchen. Das Einzige, was die Europäer im Gegenzug zu bieten hatten, waren Edelmetalle. Bald floss mehr Gold und Silber nach Asien, als aus Amerika nach Europa gekommen war.

Dieser Edelmetallabfluss wirkte stark auf Europa zurück, wie sich am englischen Beispiel zeigen lässt. England hatte mit der Guinee (abgeleitet vom afrikanischen Guinea) ebenfalls eine neue Goldmünze im Wert von 20 silbernen Schilling eingeführt. So lange aber in Indien das Silber teurer war, zog England Gold an und verlor Silber. Verstärkt wurde dies noch durch ein günstiges Zollabkommen mit Portugal, das weitaus mehr englische Waren einführte, als es Portwein absetzen konnte, wodurch ein erheblicher Teil des brasilianischen Goldes nach Großbritannien geleitet wurde.

Politische Ökonomen wie John Locke zerbrachen sich gemeinsam mit dem Physiker und Münzmeister Isaac Newton die Köpfe, wie das Einschmelzen der Silbermünzen beendet werden könnte und ein stabiles Verhältnis zwischen Gold- und Silbermünzen wiederherzustellen war. Auf Newtons Ratschlag erließ die Regierung (1717) ein Gesetz, das jedem verbot, Guinees zu einem anderen Kurs als für 21 Schilling zu kaufen oder zu empfangen. Aber dieser gesetzliche Schritt war vergeblich; binnen kurzem verschwanden die reinen Silbermünzen fast völlig aus dem Geldumlauf. Bis dahin hatte England weiterhin Goldimporte angezogen, während die Silbermünzen für den Export nach Asien zu Barren geschmolzen wurden. Wer solche Arbitragegeschäfte betrieb, nutzte die Preisunterschiede auf verschiedenen Märkten aus. Sie verdeutlichten hellsichtigen Zeitgenossen früh, wie schwierig es war, den Wert einer Währung stabil zu halten, wenn sie von Angebots- und Preisschwankungen gleich beider Metalle beeinflusst wurde. Oft führte die Arbitrage dann zu einem Verschwinden des einen Edelmetalls, so auch in England. De facto hatte der Markt statt des Silbers das Gold als Standard zur Wertbestimmung des Pfunds eingeführt. Während Silberpreise starken Schwankungen unterlagen, blieb der Gold-

preis für die nächsten 200 Jahre weitgehend stabil bei 3 £ 17 s
10½ d. Kaufleute, Bankiers, Steuereinnehmer und die einfache
Bevölkerung bevorzugten deshalb – wo immer möglich – die
Guinee gegenüber den Silbermünzen. Faktisch war die englische
Währung damit eine Goldwährung, auch wenn die Guinee erst
1774 zum gesetzlichen Zahlungsmittel erklärt wurde.

Der Abfluss der Edelmetalle nach Asien

In China, Japan und Indien besaß Gold einen besonderen Wert.
Anders als im Okzident verwendeten es etwa die chinesischen
Herrscher nur ungern als Zahlungsmittel. Gerade wegen seines
allgemein anerkannten hohen Wertes wurde es entweder gehortet oder zu anderen Zwecken genutzt, aber es konnte nicht damit bezahlt werden. Trotzdem spielte es für die Anerkennung
des Geldes eine wichtige Rolle: Schon unter der Song-Dynastie
(960–1127) gab es Papiergeld, das durch Gold und Silber in
kaiserlichen Beständen gedeckt war. Als Marco Polo später das
von der mongolischen Yuan-Dynastie beherrschte China bereiste, war die Papierwährung noch in Gebrauch und wurde allgemein akzeptiert. Dabei hatte der Mongolenherrscher und Eroberer Chinas Kublai Khan die Gold- und Silberdeckung der
Banknoten abgeschafft und den privaten Besitz der beiden Edelmetalle streng verboten. Solange die Macht seiner Dynastie un-
bestritten war, wurde auch die Gültigkeit der Währung nicht in
Frage gestellt. Unter den nachfolgenden Dynastien der Ming
und Qing kam hingegen das Papiergeld so in Verruf, dass sich
eine inoffizielle Parallelwährung in Silber entwickelte, die dann
am Ende des 18. Jahrhunderts auch offiziell eingeführt wurde.

Japan hingegen verfügte über ertragreiche Silberminen und einige Goldbergwerke, verwendete aber vom 12. bis zum 17. Jahrhundert chinesische Münzen und imitierte deren Form. Während der Sengoku-Zeit (Zeitalter der Streitenden Reiche in Japan)
mit ungefähr 200 autonomen Territorien bildeten sich lokale
Währungen heraus, von denen sich die Goldwährung der Ta-
keda unter dem Shogunat durchsetzte. Für die gesamte Edo-Zeit
blieb das daran angelehnte, von Shogun Tokugawa 1601 fest-

gesetzte Geldsystem in Kraft (bis 1867). Das Gold für die Münzen bezog man aus eigenen Bergwerken, von denen allein die Sado-Mine durchschnittlich 400 kg im Jahr lieferte. Insgesamt wurde allein auf der Halbinsel Izu in ungefähr 60 Bergwerken Gold abgebaut. Das konnte nicht verhindern, dass es selbst in Japan zu Edelmetallengpässen kam, als zu viele aus China importierte Luxuswaren wie Seide im Wege der Vergütung für einen Abfluss sorgten. Nachdem man mit einer Münzverschlechterung des Goldgehalts die Inflation nicht eindämmen konnte, wurde der Münzexport 1715 strikt verboten. Die Isolationspolitik des Inselstaates wurde nun konsequenter durchgesetzt.

Das meiste Edelmetall aus der Alten und Neuen Welt landete schließlich in Indien. Als der Franzose François Bernier in den 1650er Jahren das Mogulreich bereiste, staunte er, wie das Gold und Silber hier einfach verschwand. Indien galt als ein Fass ohne Boden, das unendliche Mengen an Edelmetall regelrecht absorbierte. Die Folgen dieses Edelmetallzuflusses sind für die indische Wirtschaftsgeschichte umstritten. Während einige Nationalhistoriker von preistreibenden Effekten ausgehen, betonen andere vor allem das mit der steigenden Geldmenge stimulierte Wirtschaftswachstum. Gold und Silber wurden in Indien nicht nur als Schmuck gehortet, sondern dienten vor allem als Kreditsicherheit.

In antiken indischen Texten, darunter dem Nationalepos Ramayana, ist die Rede von einem Goldland (*Suvarnabhumi*) und einer Goldinsel (*Suvarnadvipa*), die sich im Osten befänden. Mit dieser Region bestanden jedenfalls enge Handelsbeziehungen. Möglicherweise waren damit die thailändische Halbinsel und Sumatra gemeint, wo ebenfalls lange vor der Ankunft der Europäer Gold gewaschen und gefördert wurde. Die archäologischen Zeugnisse reichen dort bis ins 4. Jahrhundert vor unserer Zeitrechnung. Wie auf der südasiatischen Halbinsel fand die Religiosität der hinduistischen und buddhistischen Bevölkerung ihren Ausdruck in reichhaltigen Opfergaben an die Tempel. In vielen Teilen Südostasiens finden sich goldene Buddha-Statuen und vergoldete Stupas (Kultbauten) aus der Vormoderne. So ist beispielsweise die 98 Meter hohe Shwedagon-Pagode in Yangon

(Myanmar) rundum mit Goldplatten verkleidet, deren geschätztes Gesamtgewicht 60 t betragen soll – ungefähr die zwölffache Goldmenge dessen, was Pizarro bei den Inka erbeutete. Kurios ist die Geschichte der mehr als sieben Jahrhunderte alten Buddha-Statue von Wat Traimit in Bangkok, von deren tatsächlichem Wert kaum jemand etwas geahnt hatte. Dort hatte man das Gold unter einer Gipsschicht verborgen, die 1955 bei Bauarbeiten aufsprang und so dem Buddha zu neuem Glanz und Bangkok zu einer weiteren Pilger- und Touristenattraktion verhalf.

Auf den Philippinen, die von den Spaniern vom mexikanischen Acapulco aus ab 1565 unterworfen wurden, gab es zwar ebenfalls Gold, aber vergleichbare Reichtümer wie in den beiden Amerikas konnten sie dort nicht erbeuten. Die wenigen Minen, die sie auf Luzon gegen den erbitterten Widerstand der Indigenen erschließen konnten, waren angesichts der hohen Verluste nicht rentabel zu betreiben. Zudem konfrontiert mit ungewohnten Krankheiten, mussten sie das Unternehmen völlig aufgeben. Die Iberer waren aber nicht die einzigen, die seit dem 16. Jahrhundert rund um den Globus nach Schätzen suchten. Auch der Sultan von Aceh, Ali Mughayat Syah (gest. 1530), eroberte die Pfeffer und Gold produzierenden Regionen auf Sumatra und bot den Portugiesen in Malakka erfolgreich die Stirn. In dieser Region wurde Gold gewaschen und im Untertagebetrieb gefördert. Als sich die niederländische Ostindienkompagnie schließlich militärisch gegen das Sultanat durchsetzen konnte, konzentrierte sie sich vor allem auf den Handel. Erst 1669 nahm man die ältere Mine von Salida wieder in Betrieb und holte sich dazu sogar die Unterstützung deutscher Bergleute. Allerdings verschlang der Untertagebergbau nicht nur viele Menschenleben, sondern auch enorme Kosten, so dass der Minenbetrieb nach wenigen Jahrzehnten wieder beendet wurde – auch wegen der undisziplinierten und permanent betrunkenen europäischen Arbeiter. Erst im 19. Jahrhundert waren die Niederländer erfolgreicher in ihrem Bestreben, das Gold Sumatras zu fördern. Diese Versuche wurden jedoch durch die großen Goldräusche in Amerika, Australien und Südafrika mengenmäßig weit in den Schatten gestellt.

*Während eines Goldrauschs sollte man sich
im Hacken- und Schaufelgeschäft betätigen.*
Mark Twain

4. Die Welt im Goldrausch: Kalifornien, Australien, Südafrika und die erste Globalisierung

Im Goldfieber

Über fast drei Jahrhunderte hinweg hatten die beiden Amerikas den Rest der Welt mit ihren Edelmetallen versorgt und so dem transkontinentalen Fernhandel wichtige Impulse verliehen. Doch seit dem Ende des 18. Jahrhunderts ging die Fördermenge im brasilianischen Minas Gerais deutlich zurück. Hatte sie zwischen 1760 und 1780 immerhin noch mehr als 10 t im Jahr betragen, waren es bis in die 1820er Jahre nur noch etwa 3 t jährlich. Drohte der Weltwirtschaft damit erneut eine Edelmetallknappheit?

Niemand konnte zu dieser Zeit ahnen, dass gerade das 19. Jahrhundert ein Zeitalter der Goldräusche und die Durchsetzung des internationalen Goldstandards bringen würde. Doch bevor man die enormen Goldvorkommen in Kalifornien, im australischen Victoria oder am südafrikanischen Witwatersrand entdeckte, fand man das dringend benötigte Gold im russischen Zarenreich. Seit der Antike war im westlichen Altai Gebirge (mongolisch für Goldgebirge) Gold gewaschen worden. Im 18. Jahrhundert waren die Erträge noch überschaubar, zwischen 1719 und 1800 insgesamt 22 t. In den frühen 1830er Jahren kam es dann im südlichen Sibirien zu einer ganzen Welle kleinerer Goldräusche, nachdem der Zar Konzessionen für die private Suche ausgegeben hatte. Die russische Goldförderung aus Ural und Altai stieg auf beachtliche 28 t im Jahr (1848), was ungefähr der Hälfte der Weltproduktion entsprach und um mehr als das Doppelte über dem Maximum der brasilianischen Förderung lag. Die von der historischen Literatur lange über-

sehenen Lieferungen aus Russland und eine seit der Mitte des
18. Jahrhunderts deutlich gesteigerte Silberförderung in Mexiko
verhinderten also eine erneute Edelmetallknappheit.

Zum revolutionären Ereignis wurde indessen der kalifornische Goldrausch. Sein Verlauf gliedert sich in die drei klassischen Phasen eines Goldrauschs: (1) Als die Nachricht von den
Goldfunden am American River sich zunächst im März 1848 in
San Francisco und dann im August auch an der Ostküste verbreitete, machten sich Tausende auf den Weg nach Kalifornien.
Die ersten Goldsucher hatten dabei tatsächlich noch die Chance,
durch das Finden von Nuggets und Goldwaschen in den Flussbetten ein kleines Vermögen zu gewinnen. Die bereits ansässige
spanisch- und englischsprachige Bevölkerung beteiligte sich entweder selbst an der Suche oder sie wurde wie die indigenen
Völker völlig vom Ereignis überrollt, teilweise vertrieben, ihres
Eigentums beraubt und letztere sogar massakriert. Nach dem
Amerikanisch-Mexikanischen Krieg 1846 stand Kalifornien unter einer US-Militärverwaltung, aber im fernen Westen gab es
noch keine staatlichen Strukturen, mit denen sich Recht und
Ordnung durchsetzen lassen konnten. Auch aus Sicherheitsgründen schlossen sich deshalb die Schürfer zu kleinen Genossenschaften zusammen, um gemeinsam und arbeitsteilig die Seifenlagerstätten auszubeuten, Flüsse umzuleiten und in geringer
Tiefe nach Goldadern zu graben. (2) Mit dem Einsatz hydraulischer Pumpen (ab 1853) konnten dann unter Wasserdruck ganze Hänge abgespült und über Waschrinnen geleitet werden, wo
sich das schwerere Gold fangen sollte. Die Investition für die
Pumpen konnten sich die Kooperativen zwar leisten, verursachten damit jedoch enorme Erosionsschäden und schwemmten
viel Schwermetall in die Flüsse. Noch weit belastender für die
Umwelt war das Herauslösen von Gold mit hochgiftigem Quecksilber. Das Goldamalgam wurde erhitzt, wobei das Quecksilber
verdampfte, das sich aber bei der nächtlichen Abkühlung der
Luft niederschlug und so ganze Landstriche und Flüsse verseuchte. (3) In einer dritten Phase wurde die Goldförderung industrialisiert: Zum einen entwickelte man Schwimmbagger, mit
denen sich die tiefer in den Flussbetten gelagerten Sedimente er-

reichen ließen. Zum anderen begann man schon ab 1851 im Untertagebergbau nach den Erzen zu graben. Der Höhepunkt der Goldförderung lag jedoch bereits im Jahr 1852, als ungefähr 121 t Gold gewaschen wurden. Dieser Wert wurde nie wieder erreicht – obwohl man schon früh auf die aufwändigeren Verfahren setzte, sank die Jahresproduktion bis 1865 auf 27 t.

Der zweite große Goldrausch, der 1851 im australischen New South Wales einsetzte, war eng mit dem kalifornischen verbunden. Der australische Prospektor Edward Hargraves war dort zuvor erfolglos als Goldsucher tätig gewesen, aber zur Überzeugung gelangt, dass auch in Australien Gold zu finden sei. Er sollte Recht behalten und ein ertragreiches Feld erschließen, wo schnell ein erstes Goldsuchercamp entstand, das sich nach dem biblischen Ophir benannte. Weitere alluviale (Schwemmland-) Lagerstätten wurden noch im gleichen Jahr entdeckt, und Australien zog nun seinerseits Glücksritter und Migranten aus aller Welt, vor allem aber aus Großbritannien an. Die Einwohnerzahl der neu abgespaltenen Kolonie Victoria (1851) versiebenfachte sich in nur zehn Jahren. Die Dynamik des australischen Goldrauschs verlief fortan ähnlich wie in Kalifornien in den drei typischen Phasen, die sich auch in New South Wales und Victoria beobachten lassen. Der australische Fall reproduzierte aber auch den rücksichtslosen und feindseligen Umgang der Goldsuchergesellschaft mit nichteuropäischen Menschen. Zwar waren die australischen Ureinwohner regional schon früher vertrieben oder marginalisiert worden (und somit nicht einmal eine imaginäre Bedrohung für die Goldsucher), aber wie in Kalifornien kamen zahlreiche Chinesen als Goldsucher und Arbeitskräfte ins Land und wurden hier wie dort Opfer rassistischer Pogrome und Tötungsdelikte. Auf die Ausschreitungen reagierte die Regierung mit einer antichinesischen Einwanderungspolitik. Der Goldrausch war damit nicht nur zum Auslöser einer Migrationswelle geworden, die die Sozialstruktur und Entwicklung der ehemaligen Strafkolonie grundlegend veränderte, sondern er legte auch die Fundamente einer *White Australia Policy*.

Am schnellsten erfolgte in Südafrika der Übergang von der

Phase der Prospektoren hin zu einer industrialisierten Goldförderung nach den Funden des Jahres 1886; die zweite, koopera-
tive Phase wurde nahezu übersprungen. Wieder einmal wurden
die Vorkommen von einem Prospektor aufgespürt, der über entsprechende Erfahrungen auf anderen, diesmal den australischen
Goldfeldern verfügte. Wieder zog die Nachricht davon in kürzester Zeit tausende Goldsucher an. Wieder schossen eine Zelt-
stadt und bald provisorische Behausungen aus Brettern aus dem
Boden. Der Präsident der Burenrepublik Transvaal Paul Kruger
sandte zwei Regierungsvertreter (*Johann* Rissik und Christian
Johannes Joubert), um für Ordnung zu sorgen und die Ansprüche zu ordnen; sie nannten den steinigen Ort Johannesburg.
Binnen kürzester Zeit entstanden Bars, Bordelle, eine Bank, eine
Schule und eine Polizeistation. Ein Kricketclub war ein deut-
liches Zeichen dafür, dass die meisten Neuankömmlinge britischer Herkunft waren. Ein Jahr nach ihrer Gründung besaß die
Stadt auch einen Fußballverein, eine Brauerei sowie eine (me-
thodistische) Kirche, und sie war an das Telegraphennetz ange-
schlossen. Nach nur zwei Jahren wurde bereits die Johannes-
burger Börse gegründet, und innerhalb von 12 Jahren wuchs
Johannesburg auf 166000 Einwohner an. Für Winston Churchill war sie aber noch immer ein «Monte Carlo errichtet auf
Sodom und Gomorra». Der rasante Aufbau einer modernen Infrastruktur zeigte bereits, dass der südafrikanische Goldboom
in anderen Bahnen verlief als die Goldräusche in Kalifornien,
Australien oder in Alaska. Dafür war die Form der Vorkommen
entscheidend, denn am Witwatersrand gab es keine alluvialen
Vorkommen, die sich mit einfachen Techniken und Waschpfan-
nen gewinnen ließen, es gab keine Nuggets, Goldflitter oder
Goldsand. Das Gold war im Gestein in einer oft nur geringen
Konzentration enthalten, und die Golderz enthaltenden Ge-
steinsschichten führten tief in die Erde, so dass man sehr rasch
zum kostenintensiven Untertagebergbau übergehen musste. Die
Erze nahe an der Oberfläche waren bald abgebaut, so dass der
Bergbau schon 1889 und 1891 in eine erste Krise geriet. Für den
Untertagebau benötigte man Dampfmaschinen, Pumpen und
Belüftungsanlagen, zum Zerkleinern der Erze gewaltige Poch-

werke, Mühlen und Wasserleitungen. Außerdem brauchte man die entsprechenden Spezialisten: Ingenieure, Bergleute, Maschinisten und Techniker. Sehr schnell wurden deshalb die Prospektoren von Minengesellschaften verdrängt. Die hohen Investitionen für den Bergbau konnten weder die burischen Farmer noch die ins Land geströmten Goldsucher aufbringen. Für die Entwicklung des südafrikanischen Bergbaus erwies es sich als ein Glücksfall, dass seit 1871 mit dem Diamantenboom in Kimberley das benötigte bergmännische Knowhow und die notwendige Organisationsstruktur von Bergbaukonzernen bereits im Land vorhanden waren. Mit den Gewinnen aus dem Diamantenabbau konnte man die Investitionskosten bestreiten und die Minen als Aktiengesellschaften organisieren. Als die Schächte dann tiefer in die Erde getrieben werden mussten, waren es vor allem europäische Aktionäre (zu 85 Prozent), die in den Bergbau investierten. Noch erfolgte die Gewinnung auf traditionelle Weise mit hochgiftigem Quecksilber, aber mit dem Amalgierungsverfahren konnte man nur etwa 60 Prozent des im Gestein enthaltenen Metalls gewinnen. Als der Bergbau in größere Tiefen vorstieß und entsprechend teurer wurde, gelangte der südafrikanische Bergbau nach wenigen Jahren an eine erneute Rentabilitätsgrenze, die ohne ein neues chemisches Verfahren nicht zu durchbrechen gewesen wäre. Im MacArthur-Forrest-Verfahren löste man das Gold aus dem zu feinstem Mehl gemahlenen Pyritgestein mit Hilfe von ebenfalls sehr giftigen Cyaniden. Die Goldausbeute stieg damit auf bis zu 90 Prozent. Jetzt konnte man auch die bisher angehäuften Halden mit dem Abraum, der noch goldhaltige Erze enthielt, noch einmal recyclen. So entwickelte sich Südafrika bereits am Vorabend des 20. Jahrhunderts zum weltweit führenden Goldproduzenten.

Viel stärker noch als in Kalifornien oder Australien wurde der Bergbau zu einem Motor der Industrialisierung, sehr schnell wurde der Witwatersrand durch Eisenbahnlinien mit den Hafenstädten Durban und Kapstadt verbunden. Der enorme Energiebedarf der Minen konnte durch Kohlevorkommen in der Nähe gedeckt werden. Weil außerdem der lange Transport europäische Konsumwaren und das Betriebsmaterial für den Bergbau (wie Rohre, Stahl, Draht, Zement) verteuerte, gab dies den Anstoß zu einer industriellen Produktion in der Region selbst. Am Witwatersrand kamen deshalb mehrere günstige Faktoren zusammen, die zu einer mit Europa oder den USA vergleichbaren Industrialisierung führten. Deutlich wurde am südafrikanischen Beispiel indessen auch, welches Konfliktpotential reiche Goldfelder bergen konnten.

Das Konfliktpotential des Goldes

Wo Gold gefunden wurde, kam es oft zu gewaltsamen Konflikten. Wie gesehen, übten reiche Goldfelder seit der Antike eine unwiderstehliche Anziehungskraft auf Eroberer aus. Wobei von der Goldförderung in den seltensten Fällen diejenigen besonders profitierten, die es aus der Tiefe holten oder in kaltem Wasser stehend mit Pfannen wuschen. So führte das Ringen um die politische Kontrolle über Goldfelder und die dort tätigen Arbeitskräfte auch im 19. und frühen 20. Jahrhundert zu harten Konflikten. In den Blick geraten in diesem Zusammenhang die so genannte *Eureka Stockade* im australischen Victoria (1857), der Streik der Minenarbeiter im russischen Goldfeld Lena (1912) und die Proteste der südafrikanischen Minenarbeiter und ihrer englischen Sympathisanten (1913). Diese Erhebungen der Arbeiter hatten weitreichende Folgen für die politische Entwicklung der jeweiligen Länder. Unmittelbar mit der Machtfrage verbunden und von besonders tiefgreifenden Folgen war jedoch der Krieg um die Goldfelder am Witwatersrand – der Südafrikanische Krieg 1899 bis 1902, der in zeitgenössischen Quellen und der älteren Literatur als «Burenkrieg» bezeichnet wurde.

Die südafrikanischen Goldvorkommen waren die größten, die man weltweit je gefunden hatte. Im Unterschied zu anderen afrikanischen Goldfunden etwa im Kongobecken oder an der Goldküste fanden sich die Lagerstätten in einem von europäischen Einwanderern besiedelten Gebiet, in dem sich bereits eine unabhängige und demokratisch gewählte Südafrikanische Republik konstituiert hatte. Die Burenrepublik war zwar 1877 von den Briten erstmals annektiert worden, hatte sich dann aber in einem ersten Unabhängigkeitskrieg behaupten können und 1884 – nur zwei Jahre vor dem Goldrausch – wieder die volle Unabhängigkeit von Großbritannien erreicht. Die im Transvaal ansässigen *Afrikaaner* waren zumeist Farmer, die überwiegend für den Eigenbedarf produzierten und deren Landwirtschaft wesentlich auf der Arbeitskraft der schwarzen Bevölkerung beruhte. Sie zahlten zwar sehr niedrige Löhne, überließen aber vielfach den Schwarzen einen Teil ihres oft sehr umfangreichen Landbesitzes zur Nutzung. Grundsätzlich galt, dass im Transvaal Arbeitskräfte knapp waren. Die Entstehung von Goldminen mit großem Bedarf an Arbeitskräften wurde deshalb von vielen «Buren» mit Skepsis und Ablehnung betrachtet. Diese Haltung wurde durch die massive Einwanderung noch verstärkt, als sie sich in den neuen Städten plötzlich in der Minderheit sahen. Ihre politische Position verteidigten sie zunächst dadurch, dass entgegen der sonst üblichen Praxis selbst die Weißen nicht mehr automatisch das Bürger- und damit das Wahlrecht erhielten. Die so genannten *Uitlanders* konnten schließlich frühestens nach 14 Jahren Ansässigkeit im Land volle politische Rechte erlangen. Eine politische Mitsprache der schwarzen Bevölkerungsmehrheit stand für die Weißen ohnehin nicht zur Debatte.

Am Goldboom partizipierten die «Buren» nur indirekt, stammten doch die meisten Fachleute und auch das Minenkapital aus dem Ausland. Mit den neuen Städten entstand jedoch erstmals ein Absatzmarkt für die landwirtschaftlichen Produkte der «Buren». Die Regierung des Transvaal konnte ihre Staatseinnahmen im Zuge des Goldbooms um das Fünfundzwanzigfache steigern. Dazu hatte man den Handel mit Dynamit zu einem Monopol gemacht und hohe Frachtzuschläge erhoben. Weil einflussreiche *Randlords* wie Cecil Rhodes oder Alfred Beit mit der Wirtschaftspolitik der Kruger-Regierung sehr unzufrieden waren, hat die historische Forschung darin lange die eigentliche Ursache für den sich erneut anbahnenden Konflikt mit Großbritannien gesehen. Ein erster Putschversuch, den eine von Rhodes finanzierte Privatarmee unternahm, der *Jameson Raid*, wurde durch burische Kommandos im Winter 1895/96 niedergeschlagen. Das Glückwunschtelegramm des deutschen Kaisers Wilhelm II. an Präsident Kruger («Kruger-Depesche») verstärkte bestehende Spannungen im deutsch-englischen Verhältnis. Doch ökonomische Gründe waren es nicht, die den andauernden Gegensatz zwischen der Burenrepublik und Großbritannien weiter zuspitzten. Die Kosten für Sprengstoffe machten nur etwa 4 Prozent der weitaus bedeutenderen Lohnkosten aus und fielen nicht sehr stark ins Gewicht. Auch der Vorwurf einer den Minengesellschaften feindlichen Politik der Kruger-Regierung lässt sich bei näherer Betrachtung nicht aufrechterhalten: Sie erließ die von der *Chamber of Mines* (Bergwerkskammer) geforderten Passgesetze, verhandelte mit der portugiesischen Regierung, um die Arbeitsmigration schwarzer Minenarbeiter aus Mosambik zu erleichtern, und sie senkte die Löhne für die schwarzen Arbeiter um ein Drittel.

Diese minenfreundliche Politik nach dem *Jameson Raid* zeugt von der großen Sorge der Kruger-Regierung um ihre Unabhängigkeit. Für die Briten hatte sich seit den 1880er Jahren die wirtschaftliche und militärische Rivalität insbesondere mit dem Deutschen Reich erheblich verschärft. Sie wollten nun verhindern, dass sich eine Region mit großen wirtschaftlichen Ressourcen dauerhaft ihrer Kontrolle entzog. Entschlossene Imperialisten wie Joseph Chamberlain oder Alfred Milner, der britische Hochkommissar der Kapkolonie, kamen zum Schluss, dass die britische Hegemonie in Südafrika notfalls mit Gewalt erzwungen werden musste. Der durch sie provozierte «Burenkrieg» bzw. «Zweite Unabhängigkeitskrieg» von 1899 bis 1902 endete mit einem britischen Sieg. Ohne das Gold des Witwatersrand wäre es wohl nie zu diesem Krieg gekommen.

Während des Krieges kam der Bergbau zum Erliegen, so dass die britische Regierung großes Interesse daran hatte, dass die Minen möglichst bald ihren vollen Betrieb wieder aufnahmen und so die Kosten für den Wiederaufbau des verwüsteten Landes bestritten werden konnten. Angesichts des Arbeitskräftemangels – viele der früheren afrikanischen Minenarbeiter waren zwischenzeitlich an Silikose (Staublunge) gestorben oder zogen nun eine weniger gefährliche Arbeit vor – genehmigte sie, dass die Bergwerke mehr als 60 000 Kontraktarbeiter («Kulis») aus China anheuerten. Wie bereits früher in Kalifornien und in Australien war diese Maßnahme auch in Großbritannien wenig populär: Am 24. März 1904 protestierten mehr als 80 000 Menschen im Londoner Hyde Park gegen die Verpflichtung chinesischer Arbeiter («Chinese Slavery»), und die umstrittene Frage wurde zum wahlentscheidenden Faktor bei der britischen Unterhauswahl von 1906. Auch die Gewerkschaft der (weißen) südafrikanischen Bergleute protestierte 1913 mit einem großen Streik dagegen, dass mehr chinesische oder afrikanische Minenarbeiter eingestellt werden sollten, um die Arbeitskosten zu senken. Als die südafrikanische Regierung den Streik niederschlagen ließ (20 Tote) und neun Streikführer des Landes verwies, zog dies am 1. März 1914 im Hyde Park eine neue Massendemonstration mit einer geschätzten halben Million Teilnehmer nach sich. London war nicht nur eine Schnittstelle für Handel und Finanzen der globalen Ökonomie, auch die britische Arbeiterschaft des Empire war über die Kontinente hinweg miteinander vernetzt. In ihrer rassistischen, in diesem Falle vor allem antichinesischen Grundhaltung stimmten viele britische, südafrikanische, amerikanische und australische Arbeiter überein. Scheinbar entfernte Ereignisse in Südafrika konnten die Arbeiterschaft auch in Großbritannien politisch mobilisieren und Wahlen entscheidend beeinflussen. Die afrikanischen Minenarbeiter, die im Durchschnitt nur ein Fünfzehntel vom Lohn eines weißen Bergmanns erhielten, durften hingegen weder wählen, noch war es ihnen erlaubt, Gewerkschaften zu bilden.

Ähnliche Ungleichheiten und skandalös niedrige Löhne gehörten zum Arbeitsalltag auf den russischen Goldfeldern. Besonders ertragreich waren die Bergwerke an der Lena, wo die «Lena Goldminen Aktiengesellschaft» (*Lenzoloto*) als Aktiengesellschaft die meisten Minen unter ihre Kontrolle gebracht hatte. Während sich Aktionäre in Petersburg, Moskau und London über die reichen Dividenden und Kursgewinne freuten, lebten und arbeiteten die Bergarbeiter unter erbärmlichsten Bedingungen. Sie hausten zu Tausenden in Erdhöhlen und mussten

16 Stunden täglich unter Tage für einen geringen Lohn schuften. Die karge Vergütung wurde zudem oft wegen angeblicher
Arbeitsmängel noch einbehalten und reichte kaum für die min-
derwertigen Lebensmittel, die in den ebenfalls der *Lenzoloto*
gehörenden Geschäften erworben werden mussten. Als sie 1912
dagegen mit einem Streik aufbegehrten und ihre gewählten
Sprecher inhaftiert wurden, kam es zu einem friedlichen Pro-
testzug, bei dem das herbeigerufene Militär das Feuer auf die
unbewaffneten Arbeiter eröffnete. Mehr als 500 Tote und Ver-
letzte blieben zurück. Die Arbeiterschaft in den Bergwerken
kam daraufhin für viele Monate nicht mehr zur Ruhe. Und als
die Berichte Moskau und Petersburg erreichten, sorgte dies für
lebhafte Diskussionen in der Presse und der Duma. Als Reaktion
formierten sich hunderte Proteststreiks, und das so genannte
«Lena Massaker» sorgte für eine organisatorische und politische
Mobilisierung der russischen Arbeiterschaft, eine Grundvoraus-
setzung für die spätere Oktoberrevolution. Rückblickend mein-
te Lenin deshalb, das Ereignis habe «die Massen mit revolutio-
närem Feuer erfüllt».

Auch in Australien hatte ein Aufstand auf den Goldfeldern
Victorias die Politik der Kolonie von Grund auf verändert. Der
bewaffnete Aufstand der Goldsucher 1854 hätte sich wohl vermeiden lassen, wenn die Kolonialbehörden nicht auf der Zahlung einer Grabungslizenz von 30 Schilling monatlich bestanden hätten, die von allen, auch den erfolglosen Goldsuchern
gewaltsam eingetrieben wurde. Die Proteste dagegen verhallten
ungehört; die Gebühren wurden sogar noch weiter erhöht, was
den Konflikt erst recht anheizte. Mangels eigenem Landbesitz
besaßen die Goldsucher kein Wahlrecht und konnten keinen
politischen Einfluss ausüben. Ohne Wahlrecht wollten sie auch
keine Steuern und Gebühren bezahlen und beriefen sich auf ein
berühmtes Motto aus der Amerikanischen Revolution: «taxa-
tion without representation is tyranny». Als dann außerdem der
Mord an einem Goldsucher ungesühnt blieb, brachte dies das
Fass zum Überlaufen – der Aufstand begann. Die Revolte wurde
vom britischen Militär niedergeschlagen und die Beteiligten wegen Hochverrats vor Gericht gestellt, mangels Beweisen aber

freigesprochen. Dieser Aufstand brachte die Regierung zur Einsicht, dass die neue soziale Zusammensetzung der Gesellschaft auch politische Reformen erforderte, und so führte sie das allgemeine Wahlrecht für Männer ein. «Ein weiteres Beispiel für einen Sieg, der durch eine verlorene Schlacht errungen wurde», resümierte später der Reisende Mark Twain.

Während die europäischen Bergleute sich in mehreren Fällen also durchsetzen konnten und zumindest mittelfristig Verbesserungen ihrer Arbeitsbedingungen und Bezahlungen erstreiten konnten, blieben solche Verbesserungen für chinesische und afrikanische Bergarbeiter an den gleichen Orten eine unerreichbare Utopie. Für die Minengesellschaften und ihre Aktionäre blieben die Arbeitskräfte ein reiner Kostenfaktor, der kleingehalten werden musste, da er sonst die Rendite beeinträchtigte. Das unter diesen Bedingungen massenhaft geförderte Gold ermöglichte die Einführung des Goldstandards in vielen Ländern und sorgte so nach allgemeiner Auffassung zur währungspolitischen Stabilisierung eines globalen Wirtschaftssystems.

Der internationale Goldstandard

Für den Geldumlauf war Gold seit der Erfindung des Münzgeldes wichtig, doch änderte sich im 19. Jahrhundert etwas Grundlegendes: Wie gesehen, standen bereits in der Frühen Neuzeit die verschiedenen Geldmärkte und Währungen in einer mitunter engen Wechselbeziehung, Arbitragegeschäfte durch das Ausnutzen von Preisunterschieden bei Edelmetallen beeinflussten auch den Wert der gehandelten Münzen. Diese wurden zwar von den jeweiligen Staaten auf einen bestimmten Münzfuß festgelegt, geprägt und garantiert, doch kursierten parallel zu den Münzen noch weitere Formen von Geld, etwa als Wechsel oder Banknoten von privaten Banken. Schon im 17. Jahrhundert konnte man beispielsweise bei den Londoner Goldschmieden, die hohes Vertrauen bei ihren Kunden genossen, sein Gold sicher deponieren und über das hinterlegte Gold eine Quittung erhalten. Mit den so genannten *Goldsmith Notes* konnte man fast wie mit Gold bezahlen. Ähnlich brachte auch die 1694 zur

Finanzierung eines großen Staatskredits gegründete Bank of
England (die bis 1946 auch eine Privatbank war) eigene Banknoten heraus. Sie wurde gesetzlich dazu verpflichtet, die entsprechenden Noten bei Vorlage gegen die aufgedruckte Menge
von Gold einzulösen. Die meisten Banken vergaben bald mehr
Noten, als sie Gold deponiert hatten, und steigerten so die um-
laufende Geldmenge erheblich. In ganz Europa kursierte deshalb neben (staatlichen) Münzen also auch (nicht staatlich aus-
gegebenes) Papiergeld. Für die Nutzer dieser Banknoten stand
aber die Erwartung im Raum, dass man sie gegebenenfalls gegen klingende Goldmünzen eintauschen konnte. Um das Vertrauen in den Wert der Banknoten nicht zu verspielen, musste
also eine ausreichende Reserve an Gold vorgehalten werden.

Unerwartet gelangte 1789 eine größere Menge Gold nach
England. Mit dem Ausbruch der Französischen Revolution 1789
flüchteten nicht nur etliche Adelige; vielmehr schaffte, wer
konnte, auch sein Vermögen außer Landes. Die Bank of England bot für diese Zwecke nun einen besonderen Service an und
eröffnete Depots für französische Louis-d'or-Münzen. In einem
halben Jahr wurden hier mehr als 100 000 Unzen deponiert,
und noch einmal die vierfache Menge Gold wurde nach der Ra-
dikalisierung der Revolution 1791 aus dem Land geschmuggelt.
Nur wenige Jahre später schrumpften aber auch die Vorräte der
Bank rasant, weil die Engländer ihre Verbündeten im Kampf gegen Frankreich mit massiven Zahlungen unterstützten und so
die Goldreserve täglich abnahm. Eine schnelle Reaktion tat not:
Am 26. Februar 1797 wurde die Einlösungspflicht der Banknoten in Gold aufgehoben und zur Behebung der drohenden
Münzknappheit eine große Zahl kleinerer Banknoten ausgegeben. Aber anders als in der französischen Republik, deren Assi-
gnate binnen weniger Monate massiv an Wert verloren, brachen
trotz der folgenden Inflation die britischen Staatsfinanzen nicht
zusammen, weil das Parlament für das Geld bürgte und die
Märkte dieser Zusage vertrauten. Man kann deshalb die These
vertreten, dass für die relative Wertbeständigkeit des englischen
Pfunds weniger die vorhandenen Goldreserven entscheidend
waren als vielmehr das Vertrauen in Regierung und Parlament –

ganz anders als es bei den Assignaten der Fall gewesen war, denen niemand vertrauen wollte. Nach der Niederlage Napoleons 1815 gingen die Preise in England sehr rasch wieder auf das Niveau von 1797 zurück. Weil allerdings wegen der lateinamerikanischen Unabhängigkeitskriege die Edelmetallförderung stockte, verzögerten die Briten die Wiedereinführung der Einlösepflicht für Banknoten noch bis 1821. Mit dem Sovereign konnte nun außerdem eine neue Goldmünze eingeführt werden. Endgültig gesetzlich fixiert wurde der Goldstandard für Banknoten schließlich mit dem *Bank Charter Act* von 1844: Nach heftigen ökonomischen Kontroversen wurde festgelegt, dass nur noch die Bank of England neue Banknoten ausgeben durfte und dass sie für jede Neuausgabe die genau entsprechende Goldmenge vorhalten musste. Nach Ansicht der meisten Banker in der Londoner City trug die damit garantierte Stabilität des Pfund Sterling entscheidend dazu bei, dass ungefähr zwei Drittel aller Zahlungen im internationalen Handel in Pfund vereinbart und geleistet wurden.

In den meisten anderen Staaten galten bis in die 1870er Jahre entweder Silberwährungen, wie fast überall im Deutschen Bund sowie in Indien und China, oder sie hatten wie Frankreich, Italien, Belgien, die Schweiz und die USA eine Doppelwährung. In Frankreich hatte bereits Napoleon einen festen Wechselkurs zwischen Gold- und Silbermünzen festgesetzt (auf ein Wertverhältnis von 1 : 15,5). Als sich aber die jährliche Weltgoldproduktion mit dem kalifornischen und dem australischen Goldrausch von den 1830 bis zu den 1850er Jahren fast verzehnfachte, verteuerte sich das Silber im Verhältnis zum Gold. Gold war damit in den Frankenländern überbewertet, wurde zu Arbitragezwecken massenhaft eingeführt und gegen das in diesen Staaten preiswertere Silber getauscht. Wie im England des ausgehenden 17. Jahrhunderts wiederholte sich dort ein ähnliches Muster, denn das Silber wurde nun im Asienhandel verwendet. Im Zuge des Amerikanischen Bürgerkriegs waren in den 1860er Jahren die Baumwolllieferungen aus den Sklavenplantagen der Südstaaten ausgefallen, und mit dem französischen Silber konnte die indische Baumwolle für die europäischen Textilfabriken günstiger erworben werden. Frankreich versuchte zwar, in einer internationalen Währungskonferenz 1867 weitere Staaten von den Vorteilen des Bimetallismus zu überzeugen, doch fast alle Teilnehmer sprachen sich schließlich für den Goldstandard aus. Angesichts der Entdeckung gewaltiger Silbervorkommen in den Rocky Mountains waren eine baldige Silberschwemme und der damit einhergehende Verfall des Silberpreises abzusehen. Selbst der US-Kongress beschloss 1873 die Abkehr vom Silber als Währungsmetall; nunmehr konnten die Amerikaner nicht mehr jede beliebige Silbermenge in Gold konvertieren lassen (und so billig Gold erwerben). Die Maßnahme war wenig populär und wurde insbesondere in den Bundesstaaten mit viel Silbererz als «Crime of 1873» verteufelt.

Den entscheidenden Anstoß für einen internationalen Goldstandard gab indessen die Niederlage Frankreichs im Krieg von 1870/71 gegen die verbündeten deutschen Staaten. Die III. Republik musste nicht nur auf weite Teile von Elsass-Lothringen verzichten, sondern außerdem Reparationen von fünf Milliarden Franken an das neu gegründete Deutsche Reich bezahlen. Angesichts dieser Zahlungen in Gold und mit Gold gedeckten Wechseln war der Weg frei, um eine einheitliche und mit entsprechenden Goldreserven gedeckte Reichswährung einzuführen. Der entsprechende Reichstagsbeschluss wurde bereits im Dezember 1871 gefällt. Das Gold stammte zum kleineren Teil unmittelbar aus von Frankreich erpressten Reparationen (273 Mio. Franc), das meiste ließ sich das Reich in London in Gold auszahlen. Teilweise wurden daraus Goldmünzen geprägt; ein kleinerer Teil lagerte als Reichskriegsschatz in der Zitadelle Spandau (120 Mio. Goldmark), und der größte Teil wurde als Goldreserve bei der Reichsbank (gegr. 1876) deponiert. Die alten, meist auf Silber gegründeten deutschen Landeswährungen wurden mit Wirkung von 1876 außer Kraft gesetzt, was sehr massive, zusätzliche Silberverkäufe auf den internationalen Märkten bedeutete. Oft wurde argumentiert, dass dies die Staaten mit bimetallischen Währungen unter Druck gesetzt habe, sich ebenfalls dem Goldstandard anzuschließen. Die jüngere Forschung betont hingegen die wirtschaftliche Verflechtung vieler Staaten mit den beiden stärksten Industriestaaten Großbritannien und dem aufstrebenden Deutschen Reich. Mithin habe ein massiver Anreiz bestanden, sich dem Währungssystem der beiden Länder anzuschließen, mit denen man die engsten Wirtschaftsbeziehungen unterhielt. So waren es gerade die skandinavischen Länder und die Niederlande, die als Erstes zum Goldstandard übergingen. Die meisten anderen Länder folgten, selbst Frankreich und Staaten mit sehr umfangreichen Silbervorkommen wie Mexiko oder Peru kamen nicht mehr umhin, ebenfalls eine Goldwährung einzuführen.

Die Vorteile eines stabilen Währungssystems sind und waren nicht von der Hand zu weisen. Jede der Goldwährungen konnte zu festen Wechselkursen in eine andere konvertiert werden; das erleichterte internationale Transaktionen und begünstigte die erste wirtschaftliche Globalisierungswelle seit den 1870er Jahren. Handelspartner konnten Verträge in weit entfernten Regionen abschließen, ohne Risiken von Kursschwankungen oder Inflation in Kauf nehmen zu müssen. Die Aufgabe der Zentralbanken bestand fortan darin, eine gezielte Goldpolitik zu betreiben, um die eigenen Goldreserven zu schonen und die Stabilität der eigenen Währung zu garantieren. Wurden Waren in einem höheren Wert eingeführt, als ins Ausland exportiert wurde, dann floss Geld ab und die Reserven schmolzen. Die jeweilige Zentralbank musste also in solch einer Situation die Diskontzinsen und damit das Zinsniveau im eigenen Land erhöhen, um so wieder Kapitalströme aus dem Ausland anzuziehen, bis wieder ein Gleichgewicht hergestellt war. Die großen Reservebanken in England, Frankreich und Deutschland waren dabei stets bereit, die eigene Währung und ihre Konvertibilität in Gold zu verteidigen, und sie unterstützten sich im Falle einer Krise sogar wechselseitig. Damit stärkten sie den Glauben an die Stabilität der Währungen und die Glaubwürdigkeit des Goldstandards. Dieser war kein System institutionalisierter Kooperation, sondern beruhte nur auf dem Willen zur Währungsstabilität und einer fallweisen wechselseitigen Unterstützung. Die «Spielregeln» des Goldstandards, wie sie ihr Kritiker John Maynard Keynes 1925 beschrieb, waren nie formal festgelegt

worden. Tatsächlich orientierten sich die anderen Zentralbanken an der Zinspolitik der Bank of England – gewissermaßen
der «Dirigent eines internationalen Orchesters» (Keynes). Im
Falle nationaler Engpässe liehen sich die Zentralbanken gegenseitig Gold (beispielsweise in der Baring-Krise von 1890); das
ganze System beruhte auf der Bereitschaft der Zentralbanken
zur internationalen Kooperation. Diese Zusammenarbeit funktionierte aber nur unter den besonderen ökonomischen und politischen Bedingungen der Jahrzehnte vor dem Ersten Weltkrieg.
Zum einen konnte man ein Ungleichgewicht in der Zahlungsbilanz bekämpfen, indem man die inländischen Ausgaben senkte –
beispielsweise durch das Senken der Löhne. Zum andern – das
war anders als in der Weltwirtschaftskrise der 1930er Jahre –
stand für keines der Industrieländer eine Abwertung der eigenen Währung zur Debatte, um etwa auf diese Weise die eigene
Wirtschaft anzukurbeln, weil sich dadurch die eigenen Waren
im Ausland verbilligten, und die Arbeitslosigkeit zu bekämpfen.
Die Währungsstabilität hatte oberste Priorität. Und weil der
Rest der Welt entweder von den Kolonialmächten beherrscht
wurde oder zumindest ökonomisch auf das Engste mit ihnen
verbunden war, bestimmte der internationale Goldstandard die
Währungspolitik weltweit. Mit dem Ausbruch des Ersten Weltkriegs war diese internationale Kooperation schlagartig beendet.

«In eiserner Zeit»
«Gold gab ich zur Wehr,
Eisen nahm ich zur Ehr»
Deutsche Medaille für den Goldverkauf
an die Reichsbank 1916

5. Gold im Zeitalter der Weltkriege

Der Erste Weltkrieg und der Goldstandard

Noch bevor der erste Schuss des Weltkriegs verhallt war, hatte der internationale Goldstandard sein abruptes Ende gefunden. Fast mit Kriegsausbruch und noch im August 1914 hoben die kriegführenden Staaten Großbritannien, Frankreich, das Deutsche Reich, Österreich-Ungarn und das Zarenreich die Goldeinlösepflicht für ihre Zentralbanken auf. Die Deutsche Reichsbank hatte die Einlösung sogar schon vor dem Reichstagsbeschluss ausgesetzt, weil die Goldreserven während des Ultimatums und der Mobilmachung in nur einer Woche um 7,5 Prozent geschrumpft waren. Der Sturm auf die Banken konnte gerade noch einmal abgewendet und die Sparer beruhigt werden, so dass man die finanztechnische Mobilmachung unter der Leitung des Reichsbankpräsidenten Rudolf Havenstein, dem «General-Geldmarschall», in Angriff nehmen konnte. Wie die Regierung legte er großen Wert darauf, das Vertrauen in die Mark zu erhalten, und wollte zu diesem Zweck die Goldreserven der Reichsbank sogar noch vermehren. In den beiden folgenden Jahren wurde die Bevölkerung davon überzeugt, die noch zirkulierende und gehortete Goldmark einzutauschen, wodurch sich die Reserven bis 1916 von 1,5 Milliarden auf 2,4 Milliarden Mark erhöhten. In diesem Jahr appellierte man erneut an den Patriotismus der Deutschen und lancierte eine Kampagne «Gold gab ich für Eisen». Die Gegenstände aus Gold sollten der Reichsbank zum Kauf angeboten werden. Überall und selbst in den Schulen trommelte man für dieses Ziel, «daß es bald wie eine Sturmflut über die deutschen Gaue kommt, daß die neue

Losung: ‹Alles Gold dem Vaterlande!› in Stadt und Dorf, im Palast des Reichen und der Hütte des Armen erschallt» (Aufruf des Deutschen Philologenvereins).

Alle Kriegsstaaten standen vor dem Problem, wie sie die enormen Ausgaben für Soldaten und Kriegsgerät finanzieren sollten. Als der erwartete schnelle Sieg in weite Ferne rückte, wurde ihnen klar, dass ein Stellungskrieg ganz andere Maßnahmen benötigte. Die Aufhebung des Goldstandards bot die erforderlichen Möglichkeiten: Indem die Regierungen die Regelungen zur Deckung der eigenen Währung außer Kraft setzten, verschafften sie sich den nötigen Spielraum, um neues, nicht mehr durch Gold gedecktes Geld zu drucken und in Umlauf zu bringen. Man verschuldete sich bei der eigenen Zentralbank und hoffte, dereinst diese Schulden aus den erwarteten Reparationszahlungen der besiegten Gegner zu tilgen. Das bedeutete nichts anderes als Inflation, die sich zunächst aber nur in den Wechselkursen mit dem Ausland bemerkbar machte. Rohstofflieferungen wichtiger Kriegsgüter mussten freilich in harten Devisen oder mit Gold bezahlt werden. Insofern waren die Goldreserven nicht nur durch die um ihr Guthaben fürchtenden deutschen Sparer bedroht, sondern mit ihnen mussten die wichtigen Importe, die über neutrale Länder abgewickelt wurden, bezahlt werden. Die Goldbestände waren damit kriegswichtig, Devisenkontrolle und Goldexportverbot erforderlich. Weil aber das Deutsche Reich auch seine Verbündeten finanziell unterstützen musste, erhielten diese ebenfalls Goldtransfers. Trotz dieser unvermeidlichen Abflüsse gelang es der Reichsbank erstaunlicherweise, durch die «Entgoldung» des inländischen Zahlungsverkehrs und die Goldankäufe ihre Reserven fast vollständig bis zum Kriegsende zu erhalten.

Das Deutsche Reich bezahlte seinen Krieg zunächst vor allem mit Kriegsanleihen und erst ab 1916 auch mit Reichsbankkrediten. Anders als in Großbritannien war eine Finanzierung durch Steuererhöhungen politisch kaum möglich, weil die meisten, insbesondere die direkten Steuern von den Bundesstaaten erhoben wurden, die an diesen Rechten eisern festhielten. Auslandsschulden konnten ebenfalls nicht aufgenommen werden,

weil sich die großen Kapitalmärkte in den Ländern der Kriegs-
gegner befanden. Großbritannien und vor allem Frankreich hatten sich hingegen stark im Ausland verschuldet, insbesondere
bei den USA. Nach Kriegsende bestanden die Gläubiger auf einer vollständigen Bezahlung der Kredite in Dollar oder Gold.
Umso nachdrücklicher forderten diese beiden Siegermächte deshalb die Zahlung der deutschen Reparationen (1921 festgesetzt
auf 132 Milliarde Goldmark). Weil das Deutsche Reich aber bei
Kriegsende selbst mit ungefähr 100 Milliarden Mark verschuldet war, die Handelsflotte zu 90 Prozent abgeliefert werden
musste, es auf wichtige Erzvorkommen keinen Zugriff mehr
hatte, seine Auslandsmärkte in Übersee verloren und außerdem
mit Handelsbeschränkungen zu kämpfen hatte, war klar, dass
diese Forderungen die Wirtschaftskraft des Reiches und erst
recht die Goldreserven der Reichsbank übersteigen mussten.
Eine Inflation war nahezu unausweichlich. Die Hyperinflation
von 1923 war eine logische Folge, ermöglichte aber im Innern
zumindest die Rückzahlung der jetzt fast wertlosen Kriegsanleihen – wenn auch mit katastrophalen Folgen für das innenpoli-
tische Klima.

Die Briten wollten 1919 gern die Konvertibilität des Pfund
zum Vorkriegskurs wiederherstellen. Durch die gestiegene Geldmenge (Inflation) konnte man die Einlösepflicht zum alten Kurs
nicht erneuern, sonst hätte ein enormer Goldabfluss gedroht.
Erst 1925 war der Wechselkurs des Pfund Sterling wieder auf
seinem alten und hohen Niveau, so dass Schatzmeister Winston Churchill die Rückkehr Großbritanniens zum Goldstandard verkünden konnte. Der *Gold Standard Act* verpflichtete
die *Bank of England* dazu, Feingold in beliebiger Menge für
77 s 10½ d je Feinunze zu verkaufen. Doch mit dem Krieg hatten sich die weltwirtschaftlichen Schwergewichte nach Westen
über den Atlantik verschoben; aus dem wichtigsten Gläubiger
war Großbritannien inzwischen zu einem Schuldner der USA
geworden, die selbst am Goldstandard festgehalten hatten. Für
die britische Industrie war das hoch bewertete Pfund nun jedoch ein ernsthaftes Exporthindernis, weil die Exportwaren im
Ausland dadurch viel zu teuer und schwer abzusetzen waren.

Man musste sich in dieser Situation entweder für Währungsstabilität und die Interessen der Londoner City entscheiden oder
dieses Ziel aufgeben und abwerten, um so der eigenen Wirtschaft wieder Absatzchancen auf den Weltmärkten zu eröffnen.
Schon 1931 in der Weltwirtschaftskrise stand die britische Regierung vor dieser wegweisenden Entscheidung.

Noch weitaus höhere Kriegsschulden hatte Frankreich gemacht, in dessen Nordregionen vier Jahre lang der Stellungskrieg alles verwüstet hatte und wo umfangreiche Wiederauf-
baumaßnahmen unabweislich notwendig geworden waren. Auf
die deutschen Reparationen konnten die Franzosen noch viel
weniger als die Briten verzichten, und als der Versuch scheiterte,
mit der Ruhrbesetzung fällige Zahlungen bzw. Ersatzlieferun-
gen durchzusetzen, befand sich der Wechselkurs des Franc in
freiem Fall. Erst 1926 gelang es der französischen Regierung
durch schärfste Sparmaßnahmen, die Währung wieder zu stabilisieren. Als 1928 der Poincaré-Franc eingeführt wurde, betrug
sein Wert nur noch ein Fünftel des Vorkriegsfranken. Weil der
Franc nun stark unterbewertet war, kehrte viel zuvor ins Ausland geströmtes Kapital wieder nach Frankreich zurück, und
die französischen Exporte besaßen etwa im Vergleich zu den
britischen sehr deutliche Wettbewerbsvorteile. Die Banque de
France nutzte die ins Land kommenden Devisen dazu, um wieder viel Gold aufzukaufen, so dass die Republik 1928 ebenfalls
zum Goldstandard zurückkehren konnte – allerdings zu volkswirtschaftlich wesentlich vorteilhafteren Bedingungen als das
Vereinigte Königreich. Mit seiner unterbewerteten, aber harten
Währung zog Frankreich in der Folgezeit so viel Gold an, dass
sich die Reserven bis 1930 vervierfachten. 1932 kam es sogar
zu einer hundertprozentigen Golddeckung, für jeden zirkulie-
renden Franc gab es also einen Gegenwert in Gold!

Erstaunlicherweise legten auch im Deutschen Reich die Goldreserven in der zweiten Hälfte der 1920er Jahre noch einmal
kräftig zu und verdreifachten sich gar bis 1928. Nach der Inflation hatte die politisch nun unabhängige Reichsbank den Kurs
der Reichsmark – in enger Absprache mit den Gläubigerlän-
dern – durch Gold oder durch Gold gesicherte Devisen de-

cken müssen und dazu 1924 große Mengen Pfund gekauft. Als das Pfund mit einem gestiegenen Wechselkurs 1925 wieder auf den Goldstandard zurückkehrte, nahm der Wert der deutschen Pfundbestände erheblich zu und die Reichsbank begann damit ihre Devisenbestände in London wieder gegen Gold umzutauschen. Und insbesondere die im Dawes-Plan vereinbarte Anleihe zur Bezahlung der Reparationsleistungen (in Gold) minderte die Bestände nicht, weil der hohe Zinssatz 1926 und 1928 viele Devisen (und damit Gold) ins Land zog. Noch ahnten wenige, dass diese kurzfristigen Kapitalzuflüsse nach dem Börsencrash von 1929 schnell wieder die Richtung ändern und eine weltweite Wirtschaftskrise auslösen würden. Jedenfalls setzten Deutschland und Frankreich die übrigen Staaten unter Druck, ihre Zinsen zu erhöhen und damit die Geldmenge zu verringern, die deflationäre Tendenz verstärkte sich und verhinderte einen wirtschaftlichen Aufschwung.

Goldstandard und Weltwirtschaftskrise

Zur Bekämpfung der einsetzenden Wirtschaftskrise ergriffen die USA eine Reihe protektionistischer Maßnahmen und erhöhten die Kreditzinsen, was einen starken Goldabfluss in die USA zur Folge hatte, darunter insbesondere kurzfristige Kredite an die Europäer. Weil Frankreich gleichzeitig viel Gold aufkaufte, entstand ein Sog, der die Goldreserven der anderen Länder massiv bedrohte. Nun gab es für die Verantwortlichen der Währungspolitik ein Dilemma: Angesichts der einbrechenden Nachfrage auf den Weltmärkten befanden sich die Industrie und die exportorientierte Landwirtschaft in einer tiefen Absatzkrise, die eine dramatisch ansteigende Arbeitslosigkeit nach sich zog. Um in dieser Situation die Wirtschaft wieder anzukurbeln, hätte man die Leitzinsen senken und die Geldmenge ausweiten können – und das bedeutete die Abkehr vom Goldstandard. Durch die zusätzlichen Kredite würden aber auch die Importe zunehmen und Gold abfließen, was bei Anlegern Angst vor einer Abwertung der Währung wecken und erst recht eine Kapitalflucht ins Ausland auslösen konnte. Hielt man hingegen die Zinsen hoch, begrenzte die Geldmenge und verteidigte so den Wert der eigenen Währung, würde wegen dieser Deflationspolitik die eigene Wirtschaft nicht wieder in Schwung kommen. Die Bank of England und die britische Regierung entschieden sich deshalb dafür, ab dem 19. September 1931 den Goldstandard auszusetzen. Dadurch verlor das Pfund auf den freien Märkten ein Drittel seines Wertes und die britische Exportwirtschaft wurde wieder wettbewerbsfähig. Auch in Deutschland wurde der Goldstandard de facto (aber nie offiziell) aufgegeben, im Zuge der Bankenkrise von 1931 wurde die Konvertibilität der Währung abgeschafft und eine Devisenbewirtschaftung eingeführt.

Der Goldstandard brachte es mit sich, dass die Abwertung einer wichtigen Währung die mit dem Land ökonomisch verbundenen oder konkurrierenden Länder ebenfalls unter Abwertungsdruck setzte, um die eigene Konkurrenzfähigkeit zu erhalten. Nun war offen, wie lange die USA ihre deflationäre Geldpolitik durchhalten würden, insbesondere nachdem im März 1933 der Demokrat Franklin D. Roosevelt sein Amt im Weißen Haus angetreten hatte. Roosevelt hatte seinen Wählern energische Maßnahmen im Kampf gegen die *Great Depression* und das Aufgeben der protektionistischen Politik versprochen. Um die Geldmenge ausweiten zu können und die Deflationspolitik seines Vorgängers Hoover zu beenden, hob Roosevelt den Goldstandard des Dollar auf. Außerdem wurde das private Horten von Goldmünzen, Goldbarren oder Goldzertifikaten in den USA gesetzlich verboten. Alle Amerikaner mussten ihre Barren oder Goldzertifikate zum alten Preis von 20,67 $ der Federal Reserve verkaufen, auch die USA «entgoldeten» ihren Bargeldumlauf. Wer dagegen verstieß, musste mit einer Geldstrafe von bis zu 10 000 $ oder mit bis zu zehn Jahren Gefängnishaft rechnen. Die USA konnten so die Geldmenge ausdehnen und gleichzeitig die Goldreserven erhöhen.

Ende Januar 1934 kehrte Roosevelt mit dem *Gold Reserve* Act zum Goldstandard zurück. Erfolgreich hatte man den Dollar um mehr als 40 Prozent abgewertet und stabilisiert; der neue Goldpreis lag nun bei 35 $ je Feinunze (20,67 $ im Vorjahr). Mit dieser Abwertung hatten alle bisherigen Goldbesitzer einen beträchtlichen Teil ihres Vermögens verloren, weil sie zuvor ja ihr Gold zum alten Kurs hatten verkaufen müssen. Nur die Besitzer größerer Bestände hatten die früheren Ankündigungen Roosevelts ernst genommen und ihre Goldvermögen in sichere Länder transferiert, bevorzugt in die Schweiz. Der *Gold Reserve Act* räumte dem Präsidenten außerdem das Recht ein, den Dollar weiter bis auf 50 Prozent abzuwerten, was einem Goldpreis je Feinunze von 41,34 $ entsprochen hätte. Dazu wurde dem Finanzministerium das Gold der Federal Reserve überschrieben. Dieses ließ in Fort Knox sein aus Kinofilmen wie «Goldfinger» berühmtes neues Golddepot errichten, wohin dann ab 1937 die Barren und Münzen gebracht wurden. Sämtliches amerikanische Gold wurde mit diesem Gesetz verstaatlicht.

Diese Maßnahmen setzten die verbleibenden Goldstandardländer wie Belgien, Frankreich, die Niederlande und die Schweiz so stark unter Druck, dass diese in den Folgejahren ebenfalls den Goldstandard verlassen und zu freien Währungen übergehen mussten. Rückblickend lässt sich erkennen, dass der Goldstandard ab 1929 massiv zur Ausweitung und Verstärkung der Weltwirtschaftskrise beigetragen hat, nicht aber seine Ursache war. Denn unter dem Standard bestand eine Notwendigkeit, die eigenen Goldreserven bei einer negativen Leistungsbilanz durch hohe Zinsen zu schützen, um Kapital ins Land zu holen. Genau diese Maßnahmen würden aber eine Krise in Industrie und Landwirtschaft noch verstärken, weil von den Betrieben damals mitten in einer Absatz- und Exportkrise höhere Kreditzinsen aufgebracht werden mussten, die viele Eigentümer in den Ruin trieben. Eine einseitige Senkung des Zinsniveaus hätte zwar zusätzliche Liquidität bereitgestellt, doch wären dann viele Gelder sicherlich ins Ausland abgeflossen. Das System des Goldstandards verstärkte so eine deflationäre Geldpolitik, die eine effektive und international koordinierte Bekämpfung der Krise unmöglich machte: Wenn sich alle maßgeblichen Länder auf eine gemeinsame Zinssenkung und eine Erhöhung ihrer Geldmengen hätten einigen können, dann hätte man die Volkswirtschaften effektiver ankurbeln können, ohne die Wechselkurse zu destabilisieren. Der Goldstandard und eine expansive Geldpolitik hätten sich dann nicht widersprochen, vermutet der Währungsexperte Barry Eichengreen. Ursächlich war also nicht die Knappheit des Goldes, sondern die allen maßgeblichen Akteuren auferlegte Logik des goldbasierten Währungssystems und die Unfähigkeit zur internationalen Kooperation. Die meisten Wirtschaftshistoriker/innen vertreten heute noch die Ansicht, dass die Abkehr vom Goldstandard für die betroffenen Staaten das wirkungsvollste Mittel zur Überwindung der Wirtschaftskrise gewesen sei.

Der internationale Goldmarkt in London und die globalen Goldflüsse

London war vor dem Ersten Weltkrieg der wichtigste internationale Goldmarkt. Die vier führenden Handelsfirmen Samuel Montagu, Mocatta & Goldschmid, Pixley & Abell und Sharps Wilkins handelten täglich einen Goldpreis aus, zu dem das meiste Gold den Besitzer wechseln konnte. Dabei wurden Goldbarren anerkannter Scheideanstalten mit einem Reinheitsgrad von 995 gehandelt, d. h., sie mussten zu 99,5 Prozent aus reinem Gold bestehen, um das Qualitätsmerkmal «London Good Delivery» zu erhalten. Alle anderen Barren wurden kostenpflichtig von einem der zugelassenen Goldhändler geprüft und konnten gegen einen entsprechenden Preisabschlag oder nach Verfeinerung ebenfalls verkauft werden. Auch außerhalb des Commonwealth setzten sich diese Londoner Standardbarren als Grundlage des internationalen Goldhandels durch. Das brachte Vorteile nicht zuletzt für London mit sich: In technischer Hinsicht waren etwa auch die südafrikanischen Minen zur Verfeinerung des Goldes auf die Londoner Scheideanstalten angewiesen; das meiste gelangte in die Royal Mint Refinery (im Besitz von Rothschild). Um eine größere Unabhängigkeit von London zu gewinnen, errichtete Südafrika 1920 eine eigene Scheideanstalt, die Rand Refinery in Germiston. Bis heute ist sie die bedeutendste Scheideanstalt der Welt, in der ca. 50 000 t Gold verfeinert wurden – mehr als ein Viertel des jemals weltweit geförderten Goldes.

Nach dem Krieg beauftragte die Bank of England das Bankhaus N. M. Rothschild damit, die Leitung des Fixings zu übernehmen. Jeden Werktag um 10:30 Uhr trafen sich im Firmensitz der Rothschilds die Vertreter der vier Goldbroker und des Hauses zu einer geschlossenen Zeremonie. Die Kundenaufträge waren meist mit einem Ober- bzw. Unterlimit versehen, bis zu welchem oder ab welchem Preis der Broker einen (Ver-)Kauf tätigen durfte. Der Vertreter der Rothschilds eröffnete den Markt mit einem Preis, der sich am letzten Marktpreis orientierte, und nun simulierten die Teilnehmer, ob und wie viel Gold bei diesem Preis gehandelt werden konnte. Vorübergehend, unter dem restaurierten britischen Goldstandard von 1925 bis 1931, fungierte das Fixing allerdings eher wie eine Distribution des eintreffenden Goldes denn als ein freier Markt. Seit den 1930er Jahren hatte jeder Teilnehmer einen kleinen Union Jack vor sich auf dem Tisch stehen, während er die möglichen Transaktionen prüfte. Sobald er alle Orders erfüllen konnte, legte er die Flagge auf dem Tisch um. Solange noch Flaggen standen, wurde der Preis entsprechend angepasst, bis Angebot und Nachfrage im Gleichgewicht waren. Der Vorsitzende stellte fest: «There are no flags, and we are fixed.» Nun konnte der gemeinsame Preis verkündet werden, zu dem das Gold seinen Besitzer wechselte und innerhalb von zwei Tagen geliefert werden musste.

Weil das südafrikanische Gold fast ausschließlich über London vermarktet worden war, hatte die Bank of England nie große Goldreserven vorhalten müssen, um die Golddeckung des Pfund zu garantieren. Aber die stark gestiegene Geldmenge und eine entsprechende Goldnachfrage konnten potentiell zu einem Engpass beim Gold führen, wenn nicht ständig Nachschub nach London gelangte. Während des Krieges waren die Transporte durch den deutschen U-Boot-Krieg bedroht, so dass die Briten das südafrikanische und australische Gold bereits bezahlten und sich überschreiben ließen, die Lieferung jedoch noch herauszögerten. Und nach Kriegsende manipulierten die Banker geschickt die Frachttarife und die hohen Versicherungsprämien für die Goldlieferungen, damit Südafrika und Australien auch weiterhin ihr neues Gold nach London brachten und

Abb. 4: In der Londoner Rothschild-Bank trafen sich bis 2015
täglich die führenden Goldhändler und ermittelten durch Angebot
und Nachfrage den internationalen Goldpreis.

nicht etwa direkt nach New York, San Francisco bzw. auf den
indischen Subkontinent verkauften. Würde das südafrikanische
Gold aber ausreichen, um die expandierenden Geldmengen
nicht nur im Vereinigten Königreich abzusichern?

Mit dieser zentralen Frage befasste sich die 1928 ins Leben ge-
rufene Golddelegation des Völkerbundes. Das nach politischen
Interessen zusammengesetzte Expertengremium befürchtete einen ernsthaften Goldmangel, da nicht nur die Kreditmenge dauerhaft ansteigen, sondern auch die Goldproduktion in den kommenden Jahren bis 1940 deutlich abnehmen würde. Selbst die
mächtige südafrikanische *Chamber of Mines* rechnete 1930 mit
einer weltweit sinkenden Förderung. Der Zenit galt schon vor
1930 als überschritten, die Goldvorräte als begrenzt, und Experten wie der südafrikanische Bergbauinspekteur Hans Pirow
vertraten die Ansicht, die Minen würden in einigen Jahren vollständig abgebaut sein.

Die Prognosen erwiesen sich in mehrfacher Hinsicht als
falsch, und die weltweit geförderte Goldmenge expandierte in
den 1930er Jahren weiter. Das hatte mehrere Ursachen: Erstens
erschlossen die Südafrikaner neue, bis dato unbekannte Gold-

felder östlich und westlich von Johannesburg (am East und West Rand). Zweitens sorgte die Aufhebung des Goldstandards und Abwertung des Pfund dafür, dass die Minen nun einen um 40 Prozent höheren Preis für das Metall erhielten, während ihre Produktionskosten nahezu konstant blieben. Tatsächlich sorgte dies ab 1933 für eine Gewinnverdoppelung der meisten Bergwerke. Die südafrikanische Regierung besteuerte die Förderung auf eine neue Weise, um die Lebensdauer der Minen zu verlängern. Indem sie Erze mit einer niedrigen Goldkonzentration niedriger und solche mit höherer Konzentration stärker besteuerte, schuf sie einen Anreiz, zunächst die sonst unrentablen Erze zu fördern und die ohnehin profitablen für einen späteren Zeitpunkt aufzusparen. Die Strategie ging auf, viele am Rande der Rentabilität operierende Bergwerke wurden wieder profitabel und konnten Dividenden zahlen; die Lebensdauer der anderen verlängerte sich um einige Jahrzehnte. Allerdings blieb die Fördermenge Südafrikas dadurch fast konstant, es waren vor allem die übrigen Produzenten in den USA, Kanada und insbesondere in der Sowjetunion, deren Förderung deutlich zunahm.

Drittens lagen die Experten des Völkerbunds und Südafrikas auch deshalb daneben, weil das meiste Gold, das ab 1931 auf den wieder der freien Preisbildung ausgesetzten Markt gelangte, überhaupt nicht aus der Förderung neuen Goldes stammte. Viele Besitzer veräußerten ihr gehortetes Edelmetall angesichts der gestiegenen Preise – oder wie in den USA unter gesetzlichem Zwang. Überraschenderweise wurde Indien zum zweitgrößten Goldexporteur nach Südafrika – eine britische Kolonie, die über Jahrhunderte eher Gold absorbiert als veräußert hatte. Noch in den 1920er Jahren hatten die indischen Konsumenten zwischen einem Zehntel und einem Sechstel der Weltproduktion aufgekauft. Nun aber, im Zeitraum von 1931 bis 1939, exportierte Indien die beträchtliche Menge von 1230 t Gold. Im Winter 1931 frohlockte der britische Schatzmeister Neville Chamberlain über die «astonishing gold mine we have discovered in India», weil sich dank dieses Zuflusses die Kreditzinsen in London wieder senken ließen. Diese Entwicklung kam allerdings nur auf den ersten Blick überraschend und war im Grunde das Produkt der britischen Währungspolitik in Indien. Die meisten Wirtschaftshistoriker sind sich darin einig, dass dieser «indische Goldrausch» die Finanzpolitik Großbritanniens wesentlich entspannte und für die erneute Stabilisierung des (abgewerteten) Pfund mit verantwortlich war. Jahrelang hatte das Indienministerium in London die von Indern und auch von der britischen Regierung in Indien geforderte Abwertung der Rupie verweigert (um die Zahlungstransfers nach Großbritannien nicht zu schmälern) und so für eine strikte Deflationspolitik mit gekürzten Staatsausgaben und hohen Kreditzinsen gesorgt. All dies sorgte in einer auf Agrarexporte angewiesenen Volkswirtschaft für eine deutliche Verschärfung der ohnehin schwierigen Wirtschaftslage. Anders als in vielen anderen Gesellschaften diente das Edelmetall in Indien nicht als Schutz vor Inflation und wurde nicht nur wegen seiner rituellen Funktionen hoch geschätzt, sondern es hatte eine Sparfunktion und fungierte insbesondere auf dem Land als unverzichtbare Kreditsicherheit. In der Krise waren die allermeisten indischen Bauern und ihre Familien bei lokalen Pfandleihern hoch verschuldet, die oft horrende Zinssätze (von durchschnittlich mehr als einem Drittel der Kreditsumme im Jahr) für ihre nur gegen wertvollen Schmuck zu erhaltenden Kredite verlangten und die Schuldner so in jahrelanger Abhängigkeit hielten. In einer Situation, in der die weltweiten Agrarmärkte zusammenbrachen und die Bauern weder für Nahrungsmittel noch für *Cash Crops* (Nahrungsmittel und Feldfrüchte für den Verkauf und Export) annähernd ausreichende Einnahmen erzielen konnten, blieb ihnen oft als letzter Ausweg nur das Beleihen auch des letzten Familienschmucks, um Saatgut für das kommende Jahr zu erstehen. Die Pfandleiher wiederum nutzten die günstige Gelegenheit des hohen Goldpreises, um zusätzliche Einnahmen zu erzielen (hinzu kam noch, dass der Schmuck ja nie zum vollen Wert beliehen wurde), so dass selbst die wichtigste indische Scheideanstalt in Bombay mit dem Schmelzen des Schmucks nicht mehr nachkam. Zweifellos handelte es sich in den allermeisten Fällen um eine Veräußerung von «Notgold», was auch indische Unabhängigkeitspolitiker wie Jawaharlal Nehru anprangerten. Der linke

Flügel der Kongresspartei lancierte daraufhin sofort Boykottmaßnahmen gegen die Goldbroker in Bombay unter dem Slogan
«Save India's gold», die aber nicht zu einer Eindämmung, sondern nur zu einer Verlagerung des Goldflusses auf andere indische Hafenstädte führten.

Viertens tauchte mit der Sowjetunion ebenfalls unerwartet
ein neuer Anbieter von Gold auf. Während des Weltkriegs und
des nachfolgenden Bürgerkriegs war die russische Förderung
stark zurückgegangen. Der Goldschatz des Zarenreiches war
von den anti-bolschewistischen Truppen Koltschaks in Kasan
kassiert worden, doch auf dem Rückzug gelangte nur ein Teil in
die Hände der Roten Armee; ein größerer Teil liegt möglicherweise auf dem Grund des Baikalsees. Ob er tatsächlich unter
Wasser ruht, ist indes nicht bekannt, doch ist er zumindest nie
wieder aufgetaucht. In den folgenden Jahren der Neuen Ökonomischen Politik wurde jedenfalls dem Goldbergbau keine hohe
Priorität eingeräumt, und private Goldsucher wurden verfolgt;
erst unter Stalin wurde er wieder intensiviert. Stalin, der einige
Romane zu den amerikanischen Goldräuschen in Kalifornien
und Alaska verschlungen hatte, wollte mit dem Gold Maschi-
nen und Industrieanlagen im Westen erwerben. Er beauftragte
den Bergbauingenieur Alexander Serebrowski damit, den Goldbergbau wieder in Schwung zu bringen, und schickte ihn mit
diesem Ziel 1927 nach Alaska. Serebrowski gelang es, den amerikanischen Bergbauingenieur Jack Littlepage anzuwerben, der
von 1928 bis 1938 etliche sowjetische Minen beriet und neu or-
ganisierte. In seinen Erinnerungen berichtete er auch von den
Hunderttausenden Gefangenen, die aus den Gulags in die Minen zur Zwangsarbeit geschickt wurden, oft aber kaum arbeits-
fähig waren und dennoch in arktischer Kälte im Tage- und
Untertagebau schuften mussten. Ungefähr 6000 andere amerikanische Bergleute, die während der Wirtschaftskrise aus mehr
als 100 000 Bewerbern ausgewählt und angeworben wurden,
überlebten ihr Engagement hingegen nicht. Auch der Chefpla-
ner der sowjetischen Öl- und Goldförderung, das ZK-Mit-
glied Alexander Serebrowski, wurde im Zuge der Säuberungen
1938 hingerichtet. Es waren im Wesentlichen Zwangsarbeiter

und Goldsucher, die es der Sowjetunion ermöglichten, ihre Goldproduktion von 22,7 t (1925) auf mehr als 70 t im Jahr 1933
zu steigern. Zwei Jahre später wurden dafür bereits mehr als
400 000 Arbeiter eingesetzt, und über 300 000 Prospektoren
suchten auf eigene Faust in den Weiten Sibiriens nach Gold. Die
Sowjetunion avancierte bis Mitte der 1930er Jahre zum zweitgrößten Goldproduzenten der Welt. Die globale Förderung verdoppelte sich in den 1930er Jahren, aber noch immer betrug die
jährliche Produktion weniger als 5 Prozent des gehorteten Goldes. Entscheidend für den Goldmarkt war deshalb nicht, welche
Fortschritte man bei der Förderung machte, sondern wie man
mit dem bereits geförderten Gold verfuhr.

Die beschriebenen Entwicklungen lassen eine globale Tendenz erkennen: Die staatlichen Vorräte wuchsen in den 1930er
Jahren weltweit um fast zwei Drittel, von 569 Millionen auf
936 Millionen Feinunzen (1940). Der tatsächliche Einfluss der
Währungshüter auf den Goldmarkt wird aber erst deutlich,
wenn man berücksichtigt, dass parallel dazu viele private Goldbesitzer ihre Schätze veräußerten. Denn fast die Hälfte des Goldes, das beispielsweise 1932 auf den Londoner Markt gelangte, war wiederverwertetes, bislang privat gehortetes Edelmetall
aus Indien. Dort waren zahlreiche Schmuckstücke zu Barren
geschmolzen worden, und diese wanderten weiter in die Tresore
der Zentralbanken. Diese Umwandlung privater Bestände in
Währungsreserven war kein Einzelfall, sondern spiegelte den
globalen Trend in den 1930er Jahren wider: Vom zwischen
1930 und 1948 weltweit gehandelten Gold landete letztlich fast
99 Prozent in den Währungsreserven, während bis 1929 private Käufe noch fast ein Drittel der Transaktionen ausgemacht
hatten. Die Zunahme der Reserven übertraf in den 1930er
Jahren sogar die in diesem Zeitraum geförderte Goldmenge.
Es handelte sich also um eine gigantische Konzentration des
Goldes in staatlichen Händen, das als Goldreserve für die Stabilität der nationalen Währung dienen sollte. Dies war zugleich eine Eigentumsumschichtung in globalem Maßstab und
zeigt die Dominanz der großen Zentralbanken auf dem Goldmarkt.

Gold im nationalsozialistischen Deutschland

Seit den Tagen der Kelten war am Rhein Gold gewaschen worden. Dieses natürliche Goldvorkommen wollten 1937 auch die Nationalsozialisten nutzen. Im Auftrag des Reichswirtschaftsministeriums nahm die Gesellschaft für praktische Lagerstättenforschung (PRAKLA) einen großen Schwimmbagger in Betrieb, der in Anlehnung an Wagners Oper und den Nibelungenhort den Namen «Rheingold» trug. Die Untersuchung sollte zum einen durch die Kiesförderung, zum anderen aber auch durch Erlöse aus dem erhofften Gold finanziert werden. In vier Jahren Betriebszeit wurden aber nur etwa 300 Gramm Gold gewonnen, von denen sich Hermann Göring 30 Gramm abzweigen und daraus einen Nibelungenring schmieden ließ, der heute genauso verschollen ist wie der sagenhafte Nibelungenhort. Diese Anekdote illustriert sinnfällig die chronische Gold- und Devisenknappheit des nationalsozialistischen Deutschlands, das sogar einen solch aussichtslosen Versuch unternahm, eine eigene Goldförderung aufzubauen.

Nachdem der Goldstandard bereits 1931 zusammengebrochen war, kaschierte die Reichsbank die Rüstungsfinanzierung durch Sonderwechsel (Mefo-Wechsel) und verbarg die zunehmenden Schulden vor den Augen der Öffentlichkeit. Tatsächlich war die deutsche Währungspolitik nicht seriös. Schon zwei Jahre vor der Machtübergabe an die Nationalsozialisten betrieb das Reich eine intensive staatliche Geldschöpfung, die nicht mehr durch Devisen oder Gold gedeckt war. Bereits zu diesem Zeitpunkt war den Verantwortlichen die Bedeutung des Goldes für Rüstung und Kriegsvorbereitungen sehr bewusst, da das Edelmetall wie schon im Ersten Weltkrieg zur Bezahlung kriegswichtiger Rohstoffe benötigt werden würde. Während des Weltkriegs wurden drei Viertel der Auslandszahlungen mit Hilfe der Schweizerischen Nationalbank abgewickelt, an die Deutschland das Gold verkaufte und dafür die zur Zahlung nötigen Devisen erhielt. Ohne die schweizerische Hilfe hätten die Deutschen viele der dringend benötigten Rohstoffe nicht erwerben können: Wolfram aus Portugal für panzerbrechende Geschosse,

Mangan und andere Erze aus Spanien und Südamerika, aber auch Öl aus Rumänien.

Das vom «Dritten Reich» für Rüstung und Kriegsfinanzierung verwendete Gold hatte im Wesentlichen folgende Herkunft: (1) Eine legale Quelle von Gold bildeten die Reserven der damals unter politische Kontrolle gestellten Reichsbank und die durch die strenge Devisenbewirtschaftung erhaltenen Bestände. (2) Der NS-Staat verstaatlichte darüber hinaus auch die privaten Goldvorräte der Deutschen. Im Herbst 1936 ordnete der Beauftragte für den Vierjahresplan Hermann Göring an, dass diese Bestände nicht nur angezeigt, sondern auf Verlangen der Reichsbank verkauft werden mussten. Nur wenige Wochen später wurden die Regelungen verschärft und sogar die Todesstrafe eingeführt für jeden Staatsangehörigen, der «Vermögen nach dem Auslande verschiebt oder im Ausland stehenläßt». Viele Deutsche nutzten eilig die bis 31. Januar 1937 geltende Straffreiheit, um die bisher nicht angezeigten oder im Ausland befindlichen Goldbestände an die Reichsbank zu verkaufen. Ähnlich wie in den USA, aber mit ganz anderen Mitteln wurden auf diese Weise private Goldbesitzer gezwungen, ihre Bestände zu verkaufen, und das Gold verstaatlicht. Auch deshalb spielte Gold als Ersatzwährung zwischen Kriegsende und Währungsreform nur eine ganz marginale Rolle auf den Schwarzmärkten. (3) Wie einst Karl der Große, so unternahm auch das Deutsche Reich gezielte Beutezüge, in deren Verlauf es sich das Gold anderer Länder aneignete. Das begann bereits mit dem «Anschluss» Österreichs 1938, dessen Goldreserven sofort an die Deutsche Reichsbank gingen. Im Zuge der folgenden Eroberungskriege raubte Deutschland die Gold- und Devisenbestände der Nationalbanken in den besetzten Ländern. Das waren allein in Belgien, den Niederlanden und Luxemburg bereits mehr als 327 Tonnen. Spezielle «Devisenschutzkommandos» plünderten Banken, Schließfächer und Privatleute – allein in den überfallenen Niederlanden wurden auf diese Weise 39 t privates Gold gestohlen. Aber die größten Vorräte entgingen dem deutschen Raub, weil etliche der attackierten Staaten vorgesorgt hatten. Bereits vor Kriegsbeginn hatte Belgien für den Fall einer erneuten deutschen Invasion ein Drittel seiner Reserve nach England und ein weiteres Drittel in die USA und nach Kanada in Sicherheit bringen lassen, so dass den Deutschen nur ein Bruchteil des belgischen Goldes in die Hände fiel. In letzter Minute gelang es auch der Königsfamilie und Regierung Norwegens, mitsamt den nationalen Goldreserven auf einem Dampfer dem nationalsozialistischen Zugriff zu entkommen. Die Tschechoslowakei hingegen hatte einen großen Teil ihrer Bestände der Bank für Internationalen Zahlungsausgleich in Basel überschrieben, die jedoch dieses Gold auf deutsches Verlangen (und ohne britischen Widerspruch) aushändigte. Auch Polen schaffte seine Reserve auf Zügen quer durch Europa bis ins rumänische Constanza; von dort ging es über die Türkei bis nach Toulon und gelangte so in die französischen Tresore. Doch als die deutsche Wehrmacht im Juni 1940 die Pariser Banque de France stürmte, fand sie dort keinen einzigen Barren des zweitgrößten Goldschatzes der Welt mehr. Kurz nach Kriegsbeginn hatten nämlich die Franzosen zur Bezahlung von Kriegslieferungen an die USA etwa 800 t geliefert und nun, wenige Tage vor der Unterzeichnung des Waffenstillstands, wurden die verbliebenen 1260 t in der Bretagne noch während der deutschen Bombardements auf zivile Schiffe verladen, über Casablanca nach Dakar verschifft und von dort ins malische Kayes transportiert. Wieder einmal lagerte einer der größten Goldschätze seiner Zeit in Mali – erfreulicherweise unerreichbar für alle germanischen Eroberungsgelüste. So konnte die Banque de France schon unmittelbar nach der Befreiung 1944 wieder über ihre ungeschmälerten Reserven verfügen. Die bei ihr eingelagerten Goldvorräte Belgiens hatte der Vichy-hörige Bankpräsident hingegen aus Dakar zurückbeordern und sie dann Deutschland überlassen müssen. Belgien und die anderen Staaten, deren Reserven geplündert worden waren, erhielten nach dem Krieg von der *Tripartite Gold Commission* 64 Prozent ihres Goldes aus konfiszierten Reichsbankbeständen zurück. (4) Ein Teil des über die Schweiz veräußerten Goldes war den Opfern des Holocaust abgepresst worden. In den Ghettos und Vernichtungslagern des deutsch besetzten Osteuropas wurde den ermordeten Menschen selbst das Zahngold aus dem Mund gebrochen, anschließend wurde es von den Kriminaltechnikern des Reichssicherheitshauptamts aufbereitet und an die Degussa verkauft. Mit Sicherheit ist es dabei auch zu massiven Unterschlagungen und Bereicherungen durch die Täter und jene gekommen, die mittelbar an Verfolgung und Ermordung beteiligt waren. So wurden beispielsweise Uhren der von den Einsatzgruppen ermordeten Menschen an SS und Wehrmacht weitergegeben. Erst in den 1990er Jahren geriet dieses Opfergold (und die Geldeinlagen der Holocaustopfer) in den Blick der Öffentlichkeit und gab schließlich den Anstoß für umfangreiche historische Recherchen sowie in der Schweiz zur Einsetzung der so genannten Bergier-Kommission, die sich mit der Zusammenarbeit der Schweiz mit dem nationalsozialistischen Deutschland befasste.

*«Ohne einen Goldstandard gibt es kei-
nen sicheren Weg, um das Ersparte vor
Inflation zu schützen. Da gibt es keinen
sicheren Wertspeicher.»*
Alan Greenspan (1966)

6. Gold im Währungssystem von Bretton Woods

Das neue Währungssystem und die
Goldvorräte von Fort Knox

Nachdem schon während der Weltwirtschaftskrise der internationale Goldstandard an sein Ende gekommen war, hatten nur
noch die USA an der Goldkonvertibilität ihres (1934 abgewerteten) Dollar festgehalten. Nur vier Wochen nach Landung der
Alliierten in der Normandie, im Juli 1944, trafen sich Vertreter
von 44 Staaten in Bretton Woods, einem kleinen Ausflugsort im
Hinterland von New Hampshire, um über die nach dem Krieg
neu zu errichtende Wirtschaftsordnung zu entscheiden. Das
dort geschlossene Abkommen schuf eine neue internationale
Währungsordnung – das System von «Bretton Woods». Stabile
Währungen waren das schwer zu erreichende Ziel, da viele Länder sich im Krieg wieder stark verschuldet und ihre Geldmenge
stark aufgebläht hatten. Wieder einmal war an eine Rückkehr
zum Goldstandard in dieser Situation nicht zu denken, selbst
der Londoner Goldmarkt blieb noch mehrere Jahre geschlossen.
Stattdessen vereinbarte man feste Wechselkurse zum Dollar,
der noch immer für 35 $ gegen eine Feinunze Gold eingetauscht
werden konnte. Eine erneute Deflationsspirale und Weltwirtschaftskrise wollte man unbedingt vermeiden und beschloss
deshalb, dass die festen Wechselkurse durch Auf- und Abwertungen der wirtschaftlichen Entwicklung von Zeit zu Zeit angepasst werden sollten. Falls einzelne Staaten diese Kurse nicht
mehr aufrechterhalten konnten, sollte ihnen die neu geschaffene
Institution des Internationalen Währungsfonds (IWF) unter die
Arme greifen und eine vorübergehende Finanzhilfe leisten.

Als das Abkommen 1947 in Kraft trat, hatten die europäischen Länder wegen der Kriegszerstörungen, den anhaltenden Nahrungsmittelimporten und der Nachfrage nach Industriegütern ein gewaltiges Handelsbilanzdefizit mit den USA. Noch war der Dollar unterbewertet und amerikanische Exporte daher auf den Weltmärkten günstig, so dass auch das Pfund Sterling um 30 Prozent und insbesondere der französische Franc mehrfach abgewertet werden mussten. Es brauchte noch einige Jahre, bis die europäischen Volkswirtschaften so weit konsolidiert waren, dass die Vereinbarungen auch umgesetzt werden konnten. Der Londoner Goldmarkt konnte erst 1954 wieder öffnen (während bis dahin viel Gold nicht zuletzt in Zürich, Beirut und Tanger den Besitzer wechselte). Erst ab 1959 funktionierte das Bretton-Woods-System. Die einzelnen Währungen waren nun nicht mehr direkt an das Gold gekoppelt, aber indirekt, weil sie Dollarreserven zur Stabilisierung des eigenen Geldes einsetzten und der Dollar an das Gold gebunden blieb. Der Dollar war damit endgültig die internationale Leit- und Reservewährung und «ein jederzeit einlösbarer Scheck auf den Goldhort in Fort Knox», wie es die *Times* formulierte. Deshalb spricht man auch von einem «Gold-Dollar-Standard».

Dieses gegenüber dem internationalen Goldstandard der Zwischenkriegszeit verbesserte Währungssystem war nicht unumstritten. Einer der profiliertesten Kritiker war der in Yale lehrende, belgische Ökonom Robert Triffin (1911–1993). Er bezeichnete es als eine völlig absurde Form der Ressourcenverschwendung:

> «Niemand hätte jemals eine absurdere Verschwendung menschlicher Energie entwerfen können, als in entfernten Winkeln der Erde nach Gold zu graben, nur um es abzutransportieren und unmittelbar anschließend wieder in anderen tiefen Löchern zu versenken, die speziell dafür ausgehoben wurden, wo es wieder aufgenommen, schwer bewacht und beschützt wird.»

Diese humorvolle Kritik am nach wie vor auf der Wertstabilität des Goldes beruhenden System war durchaus gewichtig; die

Ökonomie hat das von Triffin erstmals diagnostizierte Problem deshalb «Triffin-Dilemma» genannt. Der Wirtschaftswissenschaftler hatte erkannt, dass bei einer expandierenden Weltwirtschaft und wachsenden Geldmenge die ausländischen Zentralbanken immer größere Dollarreserven nachfragen und anhäufen mussten. Gleichzeitig konnten die US-Goldreserven nicht in gleichem Maß gesteigert werden, so dass immer mehr Dollar in Umlauf kamen, die nicht mehr durch Gold gedeckt waren. Zwar durften unter dem Bretton-Woods-System nur Zentralbanken ihre Dollar gegen Gold eintauschen, doch sollte ein Land auf die Idee kommen, seine Dollarreserven in Goldbarren zu konvertieren, drohte ein unwiederbringlicher Vertrauensverlust. Das Dilemma bestand darin, dass die USA nicht gleichzeitig Liquidität für den Rest der Welt bereitstellen und das durch Gold gestützte Vertrauen in den Dollar aufrechterhalten konnten. Dieser aus der historischen Erfahrung abgeleitete Konstruktionsfehler hatte entscheidende Auswirkungen auf die weltweite Zirkulation des Dollar und damit auch des Goldes. Wie Triffin kritisiert hatte, war bis 1959 weiterhin der größte Teil des neuen Goldes in die Tresore der Zentralbanken gewandert. Nun kehrte sich dieser Trend um und das meiste Gold wurde von Privatleuten und Investoren gekauft und gehortet. Die starke Goldnachfrage gefährdete das System und beunruhigte insbesondere die Zentralbanken und Währungspolitiker, die mit ansehen mussten, wie ihre Goldbestände kontinuierlich schwanden.

Die amerikanischen Goldreserven nahmen seit 1957 stetig ab. Bis 1961 waren sie bereits um ein Viertel gesunken, bis 1968 sollten sie sich halbieren. Als sich abzeichnete, dass sich der Demokrat John F. Kennedy in der Präsidentenwahl gegen den Republikaner Richard Nixon durchsetzen würde, schoss der Goldpreis am Londoner Goldmarkt kurzfristig auf über 40 $ je Feinunze. Das war ein rein psychologischer Effekt, denn der Markt befürchtete eine Rückkehr zur Goldpolitik, wie sie einst Roosevelt betrieben hatte – eine grundlose Befürchtung, der Kennedy energisch widersprach. Überraschende Goldverkäufe der Sowjetunion und weniger überraschende der wichtigsten

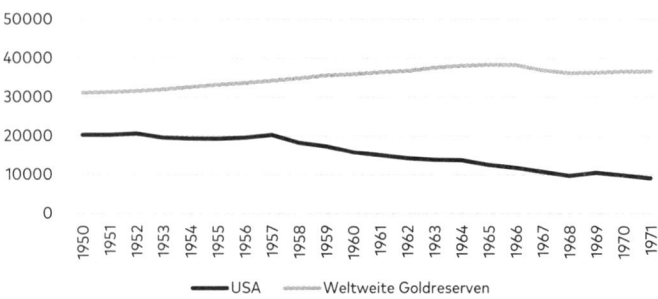

Abb. 5 : Entwicklung der Goldreserven in den USA 1950–1971 (in t)

Zentralbanken ließen den Kurs bald wieder auf das gewünschte Niveau sinken.

Dennoch war dieser kurzfristige Preisanstieg bedrohlich für das Währungssystem und wirkte als Weckruf. Um den Dollarkurs bei 35 $ je Feinunze Gold stabil zu halten, schlossen sich deshalb die Zentralbanken führender westlicher Staaten zum so genannten *Goldpool* zusammen, einem Konsortium zum koordinierten Goldverkauf: Die Vereinigten Staaten, die Bundesrepublik, Großbritannien, Frankreich, Italien, Belgien, die Niederlande und die Schweiz vereinbarten im November 1961, dass sie gemeinsam den Gold-/Dollarpreis verteidigen würden und bei Bedarf das nötige Gold aus eigenen Reserven verkaufen würden. Paradoxerweise waren es auch während der Kubakrise im Oktober des folgenden Jahres wiederum die sowjetischen Verkäufe, die den Kurs stabilisierten, während Südafrika seine Lieferungen zurückhielt, um eine eigene Reserve aufzubauen.

Die hohen Kosten für den Vietnamkrieg und das dauerhafte Zahlungsbilanzdefizit der USA lösten allerdings fortwährend weitere Spekulationen aus, dass trotzdem der Dollar in nicht allzu ferner Zeit abgewertet werden müsste. Wer sich in dieser Situation mit dem wertstabilen und somit risikolosen Gold eindeckte, konnte bei einer bevorstehenden Abwertung einen erheblichen Gewinn verbuchen. Diese Annahme wurde noch wahrscheinlicher, als der französische Präsident de Gaulle in einer Pressekonferenz am 4. Februar 1965 das System von Bretton Woods scharf kritisierte:

«Aufgrund der Tatsache, dass viele Staaten prinzipiell den Dollar in gleicher Weise wie Gold akzeptieren, um gegebenenfalls die Defizite auszugleichen, die durch das Zahlungsbilanzdefizit der USA erst verursacht werden, bringt dies die Vereinigten Staaten dazu, sich im Ausland gratis zu verschulden. Tatsächlich, das was sie ihm schulden, zahlen sie ihm zumindest teilweise wieder in Dollar zurück, die sie nur drucken müssen, statt die gesamte Summe mit Gold zu bezahlen, das einen realen Wert besitzt ...»

Im Goldenen Saal des Élysée-Palastes dankte der französische Präsident im gleichen Zuge den Amerikanern zwar auch für die Wirtschaftshilfen nach dem Weltkrieg, strebte aber eine neue internationale Währungsgrundlage an, «die nicht das Kennzeichen eines bestimmten Landes trägt». Dafür könne es «kein anderes Kriterium, keinen anderen Standard als das Gold geben», denn Gold verändere sich niemals, es könne «in Barren und Münzen geformt werden, die keine Nationalität haben». Der ewige und universale Wert des Goldes mache es zum «unveränderlichen und treuhänderischen Wert par excellence». Dieser Vorschlag war nicht uneigennützig, denn Frankreich hatte bereits damit begonnen, seine Dollarreserven gegen Gold einzutauschen und dieses nach Paris schaffen zu lassen. Am Ende des Vorjahres bestanden die französischen Reserven bereits zu 73 Prozent aus Gold. Frankreich forderte nun entweder eine Erhöhung des Goldpreises oder die Rückkehr zum Goldstandard. Dieser Angriff von «Gaullefinger», wie eine zeitgenössische Karikatur den populären James-Bond-Film parodierte, konnte zunächst noch abgewehrt werden. Allerdings tauschten Franzosen weiter ihre Dollarreserven am Londoner Goldmarkt – wie vereinbart zum festen Preis – und sorgten so für zusätzlichen Nachfragedruck. Noch immer aber erfüllte die Banque de France ihre Verpflichtungen im *Goldpool*. Als jedoch gegen Jahresende 1967 das britische Pfund abgewertet werden musste,

war die einsetzende Goldspekulation der Anfang vom Ende des
Gold-Dollar-Standards: Viele Anlieger und selbst amerikanische Konzerne wetteten damals auf eine Abwertung des Dollar
und erwarben Gold, das sie nach der Abwertung in eine entsprechend höhere Dollarsumme umtauschen wollten. Als in der
Presse durchsickerte, dass außerdem Frankreich den *Goldpool*
bereits vor einigen Monaten (Juni 1967) verlassen hatte, kannte
die Goldnachfrage kein Halten mehr. Verzweifelt warfen die
Mitglieder des *Goldpool* noch einmal Gold auf den Markt, doch
im März 1968 war der Kampf verloren und die Nachfrage brach
alle Dämme. Am Mittwoch, den 13. März 1968, erreichte sie
einen Rekord von 175 t, während Zürich weitere Verkäufe von
80 t und Paris 15 t abwickelten – das war mehr als das Dreißig-
fache des üblichen Tagesumsatzes. Am Donnerstag steigerte
sich die Goldnachfrage noch einmal auf 225 t in London, 100 t
in Zürich (wo man nicht mehr liefern konnte und deshalb den
Handel vorzeitig schloss) und noch einmal 45 t in Paris. Die Federal Reserve in New York und die Bank of England drängten
auf eine schnelle Reaktion, wenn man die Reserven verteidigen
und den Dollarkurs halten wollte. Der britische Kronrat brachte
die Queen dazu, den folgenden Freitag (15. März 1968) kurzfristig zum Bankfeiertag zu erklären, der Entschluss wurde um
3:30 Uhr im überfüllten Unterhaus verkündet. Der Londoner
Goldmarkt blieb an diesem Tag geschlossen und sollte erst am
1. April wieder öffnen. Dann wurde wieder Gold verkauft, aber
unter der neuen Spielregel eines geteilten Goldpreises. Die No-
tenbanken konnten untereinander weiterhin Gold zum festen
Kurs von 35 $ abrechnen, während täglich ein freier Goldpreis
unter Anbietern und Kaufinteressenten ausgehandelt wurde.
Dieser gespaltene Goldmarkt beruhigte die Märkte tatsächlich.
Denn die Spekulanten in Zürich und Paris nahmen die Gewinne
des auf 40 $ gestiegenen Preises mit, so dass sich der freie Gold-
preis im April zwischen 37 $ und 38 $ einpendelte und auch
die Umsätze wieder auf ein normales Maß zurückgingen. Noch
einmal war es gelungen, den Dollarkurs zu halten. Die Koor-
dinaten des globalen Goldmarktes hatten sich indessen verschoben.

1968 – die «Gnome von Zürich» handeln blitzschnell

Die zwei Wochen, während denen die Londoner Goldbörse geschlossen war, veränderten die globalen Handelsströme des Goldes. Innerhalb weniger Tage schlossen sich die drei Schweizer Großbanken – der Schweizerische Bankverein und die Schweizerische Bankgesellschaft (die 1998 zur UBS fusionierten) sowie die Schweizerische Kreditanstalt (die heute Credit Suisse heißt) – zu einer neuen Goldbörse zusammen, dem Züricher Goldpool. Bereits in den Vorjahren hatten diese Banken für Kunden den überwiegenden Teil des in London verkauften Goldes erworben und sich eine Schlüsselposition bei der Vermittlung des Goldes in alle Welt verschafft. Weil Gold nun nicht mehr per Schiff, sondern mit dem Flugzeug transportiert wurde, konnte man es auch andernorts vermarkten und war nicht mehr auf die britischen Schifffahrtslinien ans Kap der Guten Hoffnung angewiesen.

Britische Politiker waren darüber verärgert, dass sich die Schweizer bei der Spekulation gegen das Pfund beteiligt hatten, und verunglimpften die Banker als «Gnomes of Zurich». Spätestens seit der Romantik gelten Gnome auch als geheimnisvolle Hüter unterirdisch verborgener Goldschätze. Diese Karikatur war insofern treffend, als sich die Schweiz für die europäischen Nachbarn als ein sicherer Hort anbot, wo sich Geld und Gold vor dem Zugriff heimischer Finanzbehörden zuverlässig verbergen ließen und an dem man nicht nach der Herkunft und Legitimität von Transfers gefragt wurde. Nach wie vor kauften italienische Schmuckhersteller lieber ihr Gold im schweizerischen Chiasso und zahlten dort sogar höhere Preise als im Inland, um so die Steuerbehörden im Unklaren über die tatsächlichen Umsätze zu halten. Französische Kunden schätzten wiederum den diskreten Service der Genfer Händler. Strategisch setzten die Schweizer dabei früh auf die private Goldhortung, die für sie weitaus einträglicher war als etwa der Handel mit Währungsgold.

Das meiste Gold gelangte über Zürich in die Schweiz. Die schweizerischen Banker hatten über Jahre hinweg ausgezeichne-

te Kontakte mit Südafrika aufgebaut; so erwarben sie beispielsweise für die goldene Krugerrand-Münze ein globales Kommer-
zialisierungsmonopol. Steigende Förderkosten ließen Südafrika
seit Jahren auf eine Erhöhung des Goldpreises oder zumindest
auf eine Freigabe des Preises drängen, von der es sich angesichts
starker Nachfrage ebenfalls einen Preisanstieg versprach. Wegen
der in den USA und Großbritannien sehr unpopulären Apartheid und weil außerdem der zweitwichtigste Goldproduzent die
Sowjetunion war, die man keineswegs stärken wollte, gab es in
Washington und London nicht die geringste Bereitschaft, dem
französischen und südafrikanischen Drängen auf eine Preiser-
höhung nachzugeben. Verschiedene marktpolitische Maßnahmen Südafrikas, wie etwa das Zurückhalten von Goldlieferungen, und Drohungen hatten nicht zum Erfolg geführt und eher
offengelegt, wie stark die Republik am Kap auf Kredite, Güter
und Investitionen aus dem Westen angewiesen war. Die Schweizer Großbanken, die in einem freien Goldmarkt eine Chance er-
blickten, diesen zum eigenen Nutzen in Zürich zu errichten, waren daher ihre natürlichen Verbündeten.

Die drei Schweizer Großbanken waren dabei nicht konkur-
renzlos. Ein zweites, internationales Käuferkonsortium hatte
sich formiert und unterbreitete den Südafrikanern attraktive
Angebote. Letztlich gaben wohl politische Gründe den Aus-
schlag, das Gold eher in einem neutralen Land zu verkaufen
als in Großbritannien, dessen Regierung nicht bereit war, das
bestehende Waffenembargo aufzuheben. Die Schweizer hatten
nicht nur ein gut funktionierendes Bankenwesen sowie eine
freie und konvertible Währung, auch war der Goldhandel dort
völlig anonym und keinen Restriktionen unterworfen – weder
für den Import noch den Export – und wurde auch nicht be-
steuert. Und schließlich besaß jede der drei Großbanken noch
eine eigene, grenznah gelegene Scheideanstalt, deren Barren von
den Märkten umstandslos akzeptiert wurden. Durch die Ver-
marktung des südafrikanischen Goldes avancierte Zürich nach
1968 nicht nur zum wichtigsten Markt für physisch existierendes Gold, sondern etablierte sich auch als globaler Finanzplatz.
Trotz überdurchschnittlich hoher Lohnkosten entwickelten sich

die Schweizer Goldscheideanstalten zu den wichtigsten der Welt; bis in die Gegenwart wird dort jährlich annähernd so viel Gold verfeinert, wie im gleichen Zeitraum weltweit gefördert wird.

1968 wird oft als ein Jahr des Wandels und der grundlegenden Veränderungen in den westlichen Gesellschaften beschrieben, deren Studentenproteste nur die sichtbarste Form darstellten. Inwiefern waren diese Veränderungsprozesse auch mit der neuen Rolle des Goldes bzw. des Goldmarkts verbunden? Die Ausweitung des amerikanischen Krieges in Vietnam bildete nicht nur einen wichtigen Ausgangspunkt für die internationalen Studentenproteste, sondern auch eine besonders wichtige Ursache des amerikanischen Zahlungsbilanzdefizits, das wiederum die Goldspekulation auslöste. In dieser Pfund- und nachfolgenden Dollarkrise verschob sich nicht nur der Schwerpunkt des Goldhandels von London nach Zürich, sondern stand die Bedeutung des Goldes für das internationale Währungssystem grundlegend in Frage. In dieser Situation entstand die einzigartige Chance zur Neuverhandlung des Systems und zur von de Gaulle gewünschten Emanzipation der Währungen vom amerikanischen Dollar. Trotzdem scheiterte die aggressive französische Goldpolitik und erreichte ihre Ziele nicht. De Gaulles währungspolitische Argumente hatten zwar einiges für sich, doch waren es letztlich die Franzosen selbst, die seine ehrgeizige Geldpolitik scheitern ließen. Die massiven Proteste und Unruhen des Jahres 1968 veranlassten ihn, Neuwahlen anzukündigen, und schwächten innenpolitisch seine Position so stark, dass er im Folgejahr nach einem verlorenen Referendum endgültig zurücktrat. Auch die mehrfachen Abwertungen des Franc in früheren Jahren und die starke Inflation ließen die Franzosen dem Gold mehr vertrauen als der Wirtschaftspolitik einer als nicht stabil wahrgenommenen Regierung. In keinem anderen Land Europas horteten die Bürger so viel Gold, das viele damals in die benachbarte Schweiz schafften – oft über Genf. Insofern war das Jahr 1968 in mehrfacher Hinsicht ein Schlüsseljahr.

Gold aus dem südafrikanischen Apartheidstaat und aus der Sowjetunion

Die mit Abstand wichtigsten Goldproduzenten blieben die südafrikanischen Bergwerke. Lange vor der offiziellen Einführung der Apartheidpolitik (1948) gab es dort, wie bereits erwähnt, eine systematische Diskriminierung und Benachteiligung der afrikanischen Minenarbeiter. Schon die Minengesetze von 1912 und 1926 hatten ausschließlich weißen Arbeitskräften qualifizierte und damit besser bezahlte Tätigkeiten vorbehalten, für die sich Afrikaner nicht qualifizieren konnten. Als die Minengesellschaften versucht hatten, aus Kostengründen einige dieser Tätigkeiten auch an billigere afrikanische Arbeiter zu vergeben, war es 1922 zu einem großen Aufstand weißer Bergleute gekommen (*Rand Rebellion*): «Workers of the world, unite and fight for a white South Africa.» Nach der blutigen Niederschlagung des Aufstands sanken zwar die Löhne der Bergleute, doch die Rassenquote bestand weiter, nach der für 17 schwarze Minenarbeiter mindestens zwei weiße Bergleute zu beschäftigen waren. Eine ähnliche Quote bestand bis zum Ende der Apartheid in den frühen 1990er Jahren. Und auch die Löhne unterschieden sich – formal durch unterschiedliche Qualifikationen begründet, die Schwarze nach wie vor nicht erwerben durften – beträchtlich: 1946 waren die durchschnittlichen Löhne weißer Bergleute um das Zwölffache höher als jene der schwarzen Arbeiter. Als sich im gleichen Jahr die schwarzen Minenarbeiter erstmals zu einem großen Streik vereinigten, wurde dieser ebenso brutal niedergeschlagen wie die *Rand Rebellion*. Die offizielle Einführung der Apartheid seit 1948 setzte diese im Arbeitsleben bereits bestehende Rassentrennung fortan auch in anderen Bereichen des öffentlichen und privaten Lebens in geltendes Recht um. Proteste der schwarzen Bevölkerungsmehrheit blieben lange wirkungslos oder wurden erbarmungslos zusammengeschossen, wie beim Sharpeville-Massaker 1961. Als unmittelbare Folge dieses Massakers wurde Südafrika aus dem Commonwealth ausgeschlossen. Die UN forderte zu Boykottmaßnahmen wegen der rassistischen Politik auf, das Land

wurde von den Olympischen Spielen ausgeschlossen und in vielen Ländern formierte sich eine aktive Anti-Apartheid-Bewegung. Trotzdem stammten zwei Drittel des nach dem Zweiten
Weltkrieg geförderten Goldes vom Witwatersrand und aus den
neuen Feldern im Orange Free State. Das Edelmetall wurde von
den gleichen Ländern begierig abgenommen, deren Bevölkerun-
gen gegen die Apartheid demonstrierten. Die Schweiz, Großbritannien, die USA oder die Bundesrepublik kritisierten zwar die
Rassenpolitik Südafrikas und lieferten ihm keine Waffen mehr,
aber ansonsten blieben die Geschäftsbeziehungen ungestört. Im
Währungssystem von Bretton Woods verfügte das Land über
eine Schlüsselressource, und insbesondere in den 1960er Jahren wartete man wöchentlich mit Sehnsucht auf die Goldlieferungen vom Kap. In diesen Zeiten, als das Währungssystem
durch Spekulation auf steigende Goldpreise stark unter Druck
stand und die Mitglieder des *Goldpool* immer mehr Gold aus
ihren Reserven auf den Markt werfen mussten, waren sie auf
diese Lieferungen angewiesen. Insofern standen wirtschaftliche
Zwänge einer wirksamen internationalen Ächtung der Apartheidpolitik entgegen.

Die wirtschaftliche Situation der einzelnen Goldbergwerke
am Witwatersrand hatte sich jedoch kontinuierlich verschlech-
tert. Die Lohnkosten für die Masse der 380 000 Minenarbeiter
(1966) konnte man im Apartheidstaat zwar weiterhin drücken,
doch mit immer tiefer in die Erde getriebenen Bergwerken stiegen die Förderkosten erheblich. Sie verdoppelten sich im Zeitraum von 1949 bis 1964. Über mehrere Jahrzehnte hatte man
dies durch Skaleneffekte, also steigende Fördermengen, auffan-
gen können. Bei einem gleichbleibenden Goldpreis konnten
diese steigenden Kosten allerdings nicht an die Abnehmer weitergegeben werden, so dass die Chamber of Mines und die Regierung immer wieder in London und Washington auf einen
höheren Goldpreis drängten. Die in den 1940er Jahren neu erschlossenen Vorkommen am East Rand und seit den 1950er
Jahren im Orange Free State hatten der südafrikanischen Gold-
industrie eine Atempause verschafft; seit dem Ende des Zweiten
Weltkriegs bis zum Ende des Gold-Dollar-Standards hatte sie

die Förderung nahezu verdreifachen müssen. Sie stieg von 363 t (1950) auf 1000 t (1970) – mehr als zwei Drittel der Weltproduktion.

Der zweite wichtige Goldlieferant war die Sowjetunion, deren Förderung sich nur schätzen lässt. Seit 1926 behandelten die Sowjets statistische Angaben über die Produktion und die eigenen Goldvorräte als Staatsgeheimnis; westliche Analysten konnten nur Schätzungen abgeben und die Goldverkäufe auf den verschiedenen Märkten nachzeichnen. Für die 1960er und 1970er Jahre betrug die geschätzte Fördermenge zwischen 300 und 400 t, oft das Vierfache der kanadischen Produktion, die weltweit den dritten Rang einnahm. Die sowjetischen Goldverkäufe sollten möglichst undurchschaubar bleiben, weshalb man gern von Paris und London auf den Schweizer Goldmarkt auswich, wo die Transaktionen nicht nachvollziehbar waren. Noch schwieriger wird es, diese zu rekonstruieren, da sie zudem auch informelle Vertriebskanäle suchten. Die Goldverkäufe setzten erst nach Stalins Tod unter Chruschtschow wieder ein. Zwischen 1956 und 1965 verkaufte man 2835 t Gold, darunter mutmaßlich auch einen erheblichen Teil der Goldreserven (in den Folgejahren bis 1971 wurde fast nichts mehr verkauft). In der schweren Agrarkrise von 1963 bis 1965 hatte die Sowjetunion keine andere Wahl mehr: Nach gravierenden Missernten und einer verfehlten Agrarpolitik musste in Moskau und anderen Städten bereits das Brot rationiert werden. Jetzt war das bisherige Getreideexportland gezwungen, jedes Jahr 500 t Gold zu verkaufen, um mit den Devisen das Getreide vom amerikanischen Klassenfeind zu erwerben. Letztlich war es diese Agrarkrise, die das System von Bretton Woods 1965 noch einmal gerettet hatte.

Der große Schmuggel

Auch nach seiner Unabhängigkeit wurde Indien wieder zum global wichtigsten Abnehmer von Gold, obwohl die indische Regierung zur Devisenbewirtschaftung den Goldimport und -export untersagt hatte. Privater Goldbesitz und die Schmuckherstellung wurden zunächst kaum beschränkt. Das änderte

sich nach dem verlorenen chinesisch-indischen Grenzkrieg von
1962, als Indien ein Aufrüstungsprogramm startete. Der dama-
lige Finanzminister und spätere Premier Morarji Desai verhängte in dieser Situation ein strenges Goldimportverbot, mit dem er
verhindern wollte, dass die dringend benötigten Devisen zum
Erwerb des volkswirtschaftlich unproduktiven Edelmetalls abflossen. Es sei eine patriotische Pflicht aller Inder, auf das Schen-
ken von Gold zu Hochzeiten und dessen Horten zu verzichten.
Gold durfte nicht mehr als Barren oder neue Goldmünzen erworben werden, allenfalls noch als Schmuck. Außerdem durften die Goldschmiede nur noch Gold mit maximal 14 Karat
herstellen, um so aus der gleichen Goldmenge mehr Schmuck
produzieren zu können.

Die eingeführten strengen Kontrollen hatten aber ganz andere als die erhofften Folgen: Die härtere Goldlegierung konnte
von den dörflichen Goldschmieden nicht mehr verarbeitet werden, hunderttausende Familien verloren damit den Broterwerb.
Die ganze Branche sollte sich vielmehr auf das Verarbeiten recy-
celten Goldes beschränken. Weil sich aber die Sitte der *Dowry*
in Indien ausbreitete, einer zwischen den Brautfamilien ausge-
handelten Mitgift, die oft als Goldschmuck überreicht wurde,
und angesichts der mit der Bevölkerungszahl steigenden Millionen und Abermillionen Hochzeiten stieg auch der Goldbedarf
der Inder weiter an. Der Effekt wurde noch verstärkt, weil Gold
weiterhin – wie bereits erwähnt – insbesondere auf dem Lande
eine unverzichtbare Kreditsicherheit war, wo sich jede gute
Ernte unmittelbar auf die Nachfrage auswirkte. Die Agrarmo-
dernisierung durch neue Bewässerungsanlagen und günstigen
Dünger wirkten dort ebenfalls in die andere Richtung. Außerdem setzte bis zur Aufhebung der Goldkontrolle 1990 ein massiver Schmuggel ein, der in den 1960er Jahren bis auf durchschnittlich 180 t pro Jahr anstieg. Ein Großteil dieses Goldes
wurde mit stark motorisierten Dhows von Dubai nach Bombay
verschifft. Dort wurde es so schnell wie möglich zusammen mit
Blei oder Kupfer eingeschmolzen, damit es als recyceltes Gold
gelten konnte und vom Zoll nicht länger als Schmuggelgut zu
identifizieren war. Das ins Land geschmuggelte Gold musste

aber bezahlt werden, was unproblematisch war, solange die indische Rupie auch am Persischen Golf die gültige Währung war. Um den Goldschmuggel einzudämmen, hatte die indische Zentralbank eigene Golfrupien in anderen Farben herausgegeben, die nur noch in Bombay eingelöst werden konnten. Die Golfstaaten ersetzten deshalb bald darauf die Golfrupie durch eigene Währungen. Fortan mussten die Schmuggler das Gold also mit Dollar bezahlen, was den Dollarpreis auf den Basaren Bombays und auf dem Schwarzmarkt immer wieder in die Höhe trieb, wenn eine größere Lieferung unterwegs war. Als der indische Silberpreis dann deutlich unter den internationalen Preis fiel, schmuggelten sie Silber aus Indien hinaus und Gold hinein. Das kleine Scheichtum Dubai mit damals weniger als 100 000 Einwohnern und keinem einzigen Bergwerk wurde so zum zweitgrößten Silberexporteur der Welt. Dubai entwickelte sich außerdem in der Folge zu einem der wichtigsten Märkte für physisch existierendes Gold. Muslimische Pilger aus Indien erwarben ebenso wie die steigende Zahl der indischen Fremdarbeiter in der Golfregion vor ihrer Rückkehr Goldschmuck, der auf der Rückreise beträchtlich an Wert zunahm. Von diesen Schmuggelaktivitäten profitierten die *Hawala*-Händler, die ein geheimes und auf Vertrauen beruhendes Überweisungssystem betrieben, mit dem sich auch größere Geldmengen schnell und kostengünstig ins Ausland transferieren ließen. Zwar gelangen dem indischen Zoll gelegentlich größere Beschlagnahmungen, doch der kulturell und sozial verankerte Goldhunger ließ sich auf diese Weise nicht bekämpfen. Nachdem der indische Staat 27 Jahre vergeblich dagegen angekämpft hatte, kapitulierte er schließlich und hob die Goldkontrolle 1990 auf.

Das Ende des amerikanischen Goldstandards

Am Sonntagabend, den 15. August 1971 – und zwar mit Rücksicht auf die bei amerikanischen Fernsehzuschauern besonders beliebte Westernserie *Bonanza* erst nach Ausstrahlung der aktuellen Folge –, verkündete US-Präsident Nixon das Ende der Goldkonvertibilität des Dollars:

«In den letzten Wochen haben die Spekulanten einen totalen Krieg gegen den amerikanischen Dollar geführt. Die Stärke einer nationalen Währung beruht auf der Stärke ihrer Volkswirtschaft – und die amerikanische Volkswirtschaft ist bei weitem die stärkste der Welt ... Ich habe Minister Connally [John Connally, US-Finanzminister 1971/72] angewiesen, die Konvertierbarkeit des Dollar in Gold vorübergehend auszusetzen.»

Diese seit Monaten heimlich vorbereitete Ankündigung Nixons bedeutete das Ende für das Währungssystem von Bretton Woods. Der Gold-Dollar-Standard war aufgehoben. Das Gold verlor nun seine währungspolitische Funktion, die es zunächst in Großbritannien und seit 1871 international übernommen hatte. Die meisten Zentralbanken hielten zwar weiterhin größere Goldbestände in ihren Tresoren, als eine vertrauensbildende Maßnahme in die Stabilität ihrer Banknoten und ihre eigene Zahlungsfähigkeit, doch die Auf- und Abwertungen der jeweiligen Währung waren nun nicht mehr an das Gold gebunden. Die Wechselkurse konnten sich in den folgenden Jahren frei bewegen, unabhängig vom nun ebenfalls freien Goldpreis.

*«Der Goldpreis gilt oft als Barometer für die
politische und wirtschaftliche Stimmung, dabei tendieren Goldpreis und das wirtschaftliche und politische Klima dazu, sich in ent-
gegengesetzte Richtungen zu bewegen.»*

Guido R. Hanselmann (1982)

7. Nach dem Wirtschaftsboom: Gold in der zweiten Globalisierung

Gold als Spekulationsobjekt: Der Preisrekord im Januar 1980

Am Montag, den 21. Januar 1980, schnellte am Londoner Markt
der Preis für eine Feinunze Gold hoch auf 850 $, nur um bis
zum Freitag wieder auf 663 $ zu fallen. Noch neun Jahre zuvor
hatte sich der Preis auf den Märkten nur in kleinen Spannen
zwischen 35 $ und 40 $ bewegt. Dieser Rekordpreis blieb für
28 Jahre ein einmaliger Höchststand – inflationsbereinigt über-
trifft er selbst die hohen Preise im neuen Jahrtausend. Einen derart drastischen Anstieg und Fall des Kurses hatte man im Jahrhundert des Goldstandards nie erleben können – nicht einmal in
den turbulenten Zeiten der Weltkriege oder der Weltwirtschaftskrise, als er außer Kraft gesetzt war. Zur Erklärung dieses unge-
wöhnlichen Phänomens muss man dessen aktuelle Auslöser von
den längerfristigen Entwicklungen unterscheiden.

Zunächst war die Jahreswende 1979/80 durch einige welt-
politische Erschütterungen gekennzeichnet. Die Islamische Revolution in Iran und dessen Umgestaltung in einen islamisti-
schen Staat hatte 1979 die westliche Welt stark beunruhigt. Im
November besetzten radikale Studenten die amerikanische Bot-
schaft in Teheran und nahmen 52 Geiseln, viele Iraner verlie-
ßen das Land. Eine Befreiungsaktion der Amerikaner scheiterte.
An Weihnachten 1979 begann der sowjetische Einmarsch in Af-
ghanistan. Aus Protest verkündeten die Vereinigten Staaten und
viele ihrer Verbündeten, dass ihre Athleten bei den Olympischen

Spielen im Sommer 1980 in Moskau nicht um Goldmedaillen kämpfen würden. Doch diese Nachrichten beunruhigten die Anleger weitaus weniger als der nach der Revolution in Iran sich verdoppelnde Ölpreis, der globale Inflationstendenzen ankündigte. Neben einigen lateinamerikanischen Ländern, Griechenland, Italien und Frankreich war auch in Großbritannien die Inflationsrate bis auf 17 Prozent gestiegen, in den USA auf über 13 Prozent. Viele Anleger antizipierten deshalb eine durch Inflationsängste verstärkte Goldnachfrage und wollten entsprechend investieren.

Solche politischen Unsicherheiten und Erschütterungen hatte es in der Geschichte des Kalten Krieges jedoch bereits mehrfach gegeben, ohne dass dies ähnlich gravierende Auswirkungen auf die Goldpreise gehabt hätte. Die Ursachen können deshalb nicht in den Ereignissen 1979/80 gesucht werden, sondern müssen struktureller Natur gewesen sein: Im globalen Geschäft mit dem Gold hatte sich seit der Erklärung Nixons, womit der Präsident die ein Jahrhundert dauernde Geschichte eines festen und von den Zentralbanken garantierten Goldpreises beendet hatte, einiges verändert. Als letztes Land hatten auch die USA die Bindung ihrer Währung an das Gold bzw. die Eintauschverpflichtung ihrer Banknoten in eine feste Menge Gold aufgehoben und der Goldpreis konnte frei ausgehandelt werden. Obwohl die Spekulationen in Gold und gegen den Dollar damit ihr Ende finden mussten, war der Goldpreis in den 1970er Jahren kontinuierlich gestiegen. Aus der Perspektive des 21. Jahrhunderts, das sich seit Jahren an Preise von mehr als 1200 $ je Feinunze Gold gewöhnt hat, erscheint eine Wertsteigerung von 35 $ auf über 50 $ im Mai 1972 zwar beachtlich, jedoch das Durchbrechen der 100-Dollar-Grenze (im Mai 1973) nicht besonders spektakulär. Verglichen mit den Schwankungen in den 1960er Jahren waren diese Preissteigerungen aber enorm und hatten entsprechende Auswirkungen für Produzenten wie Konsumenten.

Diese Volatilität stellte für die Bergbauunternehmen ebenso wie für die Schmuckhersteller ein Problem dar, weil sich auf diese Weise nur schwer langfristige Investitionen kalkulieren ließen, wie die viele Jahre beanspruchende Erschließung einer Mine. Der industrielle und medizinische Bedarf am Rohstoff Gold hatte in den 1970er Jahren deutlich zugenommen und betrug insgesamt ca. 20 Prozent der Gesamtnachfrage. Der Anstieg von 1980 bewirkte, dass die Nachfrage aus der Schmuckbranche völlig einbrach, und zwar auf nur noch ein Fünftel des Vorjahres – die der Zahnmedizin ging um fast zwei Drittel zurück. Solche Einbrüche zeigen, dass gerade für diese Branchen schwankende Einkaufspreise ihres wichtigsten Rohstoffes ein Problem darstellten, gegen das sie sich absichern mussten. Demgegenüber gab die industrielle Nachfrage aus der Elektronik relativ wenig nach, weil dort die erhöhten Rohstoffpreise nur einen sehr geringen Teil der Gesamtkosten ausmachten.

Wie bei anderen Rohstoffen auch konnten sich Produzenten und Konsumenten gegen volatile Goldpreise absichern, indem sie entsprechende Termingeschäfte (*Forward*) vereinbarten, zu denen die Anbieter verbindlich eine bestimmte Menge Gold (995) zu einem vorab festgelegten Preis liefern mussten. Unter dem Goldstandard waren solche Geschäfte in der Goldbranche nicht notwendig gewesen. Meist hoben sich die Abschlüsse der Käufer und Verkäufer ohnehin gegenseitig auf, so dass eine Lieferung überhaupt nicht notwendig wurde. In den 1980er Jahren wurden nur zwischen einem und fünf Prozent aller Verträge ausgeliefert. So lässt sich auch erklären, weshalb die Umsätze dieser Termingeschäfte oft deutlich über der Weltgoldproduktion eines ganzen Jahres lagen.

Neben diesen notwendigen Absicherungsgeschäften der Minen und Verbraucher wurde fortan auch offensiv mit dem Goldpreis spekuliert. In der globalen Geschichte des Goldes war dies ein einschneidender Wendepunkt: Gold, das als zeitloser Garant von Wertstabilität gegolten hatte, wurde damals auch zum Spekulationsobjekt. Jetzt wurde es auch an Warenterminbörsen wie der New Yorker COMEX oder der Terminbörse in Chicago als so genannte *Futures* (meist als Kaufoption) gehandelt. Käufer und Verkäufer trafen einander nicht mehr, sondern dieser Markt funktionierte anonym und wurde von einer Vielzahl an Akteuren beeinflusst – anders als der so genannte *Spot*-Markt für physisch vorhandenes Gold, der stark von den Goldlieferungen Südafrikas und der Sowjetunion abhängig war. Die Käufer erwarben das Recht (das sie aber auch verfallen lassen konnten), eine bestimmte Goldmenge zu einem im Voraus bestimmten Preis jederzeit vor dem Fälligkeitsdatum zu kaufen. Falls der Goldpreis stieg, konnten sie sofort ihre Kaufoption ausüben und das Gold zum höheren Preis ver- oder ihre *Futures* dem Markt zurückverkaufen. Fiel der Goldpreis, konnten sie die Kaufoption einfach verfallen lassen. Ihr Risiko blieb damit auf den Preis des *Futures* beschränkt. Weil Käufer und Verkäufer eines *Futures* nur einen bestimmten Anteil des gehandelten Betrags (*Margin*) hinterlegen mussten, konnten sie so mit einem begrenzten Geldeinsatz eine große Hebelwirkung und damit große Gewinne oder Verluste erzielen. Stieg der Preis, erzielten die Käufer eine weitaus größere Rendite, als wenn sie mit der gleichen Summe tatsächlich vorhandenes Gold erworben und dann nach dem gleichen Zeitraum weiterverkauft hätten. Die meisten *Futures*-Verträge wurden abgeschlossen, um von der Preisbewegung des Goldes zu profitieren, nur ein winziger Bruchteil des auf Termin gehandelten Goldes wurde überhaupt geliefert.

Inwiefern wirkten sich nun die Goldpreise im *Futures*-Handel auf jene des *Spot*-Marktes aus? Zwischen beiden Goldmärkten bestand ein enger Zusammenhang, der durch Arbitragegeschäfte hergestellt wurde. Wenn etwa die Kurse der *Goldfutures* höher notierten als zu erwarten war, dann war es für Anleger die beste Strategie, diese *Futures* sofort zu verkaufen und sich auf dem *Spot*-Markt mit Gold zu versorgen. Weil nun auf dem *Futures*-Markt ein Überangebot bestand, fielen deren Kurse, während gleichzeitig die Preise für real vorhandenes Gold stiegen. Damit war die Möglichkeit dahin, ein profitables Arbitragegeschäft zu realisieren. Die Preise auf beiden Märkten entwickelten sich wieder in die gleiche Richtung.

Tatsächlich hatten im Januar 1980 Termingeschäfte zu dem steilen Kursanstieg beigetragen. Der Hintergrund ist komplex, weil mehrere Faktoren zusammenkamen, die den Goldbedarf am Terminmarkt in die Höhe schnellen ließen: Erstens hatten

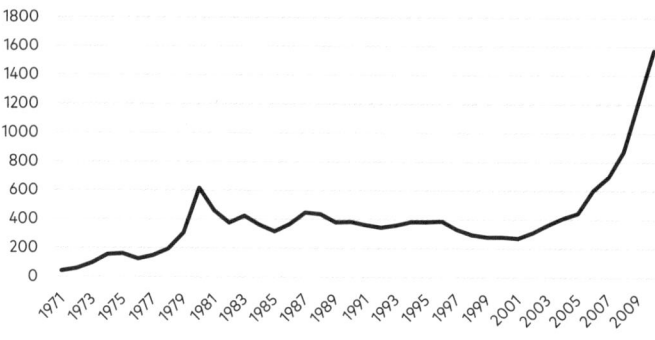

Abb. 6: Goldpreis 1971–2010

die USA seit 1978 monatlich 23 t aus den Beständen der Federal
Reserve öffentlich verkauft, um die eigene Zahlungsbilanz zu
verbessern und den fallenden Dollarkurs zu stützen. Im August
kamen führende britische Goldbroker wie Mocatta oder Sharps
Pixley bei der Goldauktion der Federal Reserve nicht wie ge-
plant an günstiges Gold, weil ihnen die Dresdner Bank fast die
gesamte Menge vor der Nase weggekauft hatte. Die Broker
spekulierten deshalb auf steigende Goldpreise im Spätjahr. Als
dann, zweitens, die USA im Oktober ankündigten, die Goldverkäufe vorübergehend einzustellen, fiel diese Einkaufsquelle weg.
Drittens war auch die Sowjetunion wegen steigender Öleinnah-
men gerade nicht auf Goldverkäufe als Devisenquelle angewiesen und stellte diese ein. Diese drei Faktoren sorgten für ein
zurückgehendes Goldangebot. Viertens waren in den späten
1970er Jahren in vielen Ländern (USA, Japan) die Goldverbote
gefallen, was bei diesen seit Jahren kontinuierlich steigenden
Preisen das Interesse privater Anleger an Gold weckte. Allein
die USA importierten 1978 und 1979 fast 6,5 Millionen Feinunzen an Goldmünzen, drei Viertel davon waren Krugerrand (das
entspricht 202 t). Fünftens sorgten der Ölpreis und die Inflation
für eine verstärkte Nachfrage, insofern wirkten sich auch die
Iran- und die Afghanistan-Krisen indirekt auf den Preis aus. Da-

rüber hinaus hatte auch die Spekulation um das Gold stark zugenommen; das Handelsvolumen der *Goldfutures* an den Terminbörsen in New York und Chicago hatte sich in den drei
vorangegangenen Jahren mehr als verdreifacht. Im Grunde handelte es sich beim Rekordpreis aber in erster Linie um eine Bla-
se, die die neue Rolle des Goldes als Objekt von Spekulationen
eindrucksvoll belegte. Langfristige Auswirkungen hatte dieser
kurzfristige Run auf das Gold jedoch nicht; wichtiger war die
durchschnittliche Preisentwicklung, auf die sich Produzenten
und Konsumenten einstellen mussten.

Die Folgen gestiegener Goldpreise

Für die südafrikanischen Goldminen begann mit dem Ende des
US-Goldstandards ein neuer Boom, der Wert des von ihnen geförderten Goldes steigerte sich in nur 18 Monaten um 146 Prozent. Um Gewinne zu erzielen, genügte fortan eine entsprechend geringere Fördermenge. Das ließ sich mit der Hoffnung
verbinden, dass der Preis nicht so schnell wieder sinken würde.
Aber wie schon in den 1930er Jahren bewirkte die Preiserhö-
hung, dass nun wieder Erze mit niedrigerem Goldgehalt gefördert, unrentable Bergwerke weiter betrieben und neue Projekte
vorangetrieben werden konnten. Dafür benötigten die Minen
dringend mehr Arbeitskräfte. Nachdem der sambische Präsident
Kaunda 1967 bereits die Rekrutierung von Minenarbeitern untersagt hatte und 1974 ein von den Minen gechartertes Flugzeug auf dem Heimflug nach Malawi abgestürzt war, bei dem
74 Wanderarbeiter starben, untersagte auch Malawi jede weitere Rekrutierung. Damit fehlten den Minen auf einen Schlag
129 000 Arbeitskräfte. (Für die Familien der sambischen und
malawischen Arbeiter bedeutete das Wegfallen der wichtigsten
Einkommensquelle eine wirtschaftliche Katastrophe und meist
blanke Not. Auch volkswirtschaftlich war dieser Verlust von
Deviseneinnahmen nicht zu kompensieren, so dass man die Ver-
bote bald wieder aufhob.) Südafrika und die Minen wollten
sich von den ausländischen Arbeitern unabhängiger machen
und suchten verstärkt im Inland und in den Homelands nach

neuen Arbeitskräften. Dazu wurden die Löhne 1974 um 62 Prozent und vier Jahre später noch einmal um 68 Prozent angehoben. Bis 1987 stieg die Zahl der schwarzen Minenarbeiter immer weiter, von 380000 Arbeitern 1966 bis auf den Höchststand mit 477000 im Jahr 1986.

Vom höheren Goldpreis profitierten natürlich auch die Aktionäre in Form von kräftig erhöhten Dividenden. Trotz all dieser zusätzlichen Ausgaben verdoppelten sich die von den Minengesellschaften nicht ausgeschütteten Gewinne. Insgesamt wirkten sich diese Lohnsteigerungen und Investitionen in ihrer Schlüsselindustrie auf die südafrikanische Volkswirtschaft sehr positiv aus – sie stabilisierten aber auch das Apartheidregime.

Die Südafrikaner hatten seit den 1960er Jahren nach Auswegen gesucht, um den Goldverkauf anzukurbeln und landeten dabei mit der Krugerrand-Münze 1970 einen Marketingcoup, der sich als so erfolgreich erwies, dass das Konzept später von anderen Münzstätten kopiert wurde (so kam es z. B. zur Emission des chinesischen Goldenen Panda): Die Münze bestand zwar aus einer Kupfer-Gold-Legierung, weil aber ihr Goldgehalt genau einer Feinunze (31,1035 g) entsprach, erleichterte dies den Käufern, ihre aktuelle Wertentwicklung zu verfolgen. Der goldene Krugerrand entwickelte sich zur erfolgreichsten Goldmünze der Neuzeit, von ihr wurden in verschiedenen Stückelungen mehr als 50 Millionen geprägt. Die Anti-Apartheid-Bewegung und Beschlüsse des Commonwealth zwangen die unwillige britische Regierungschefin Thatcher 1986 jedoch zu einem Krugerrand-Boykott, der auch von den Europäischen Gemeinschaften und den USA verhängt wurde. Selbst die gleichermaßen boykottunwillige Bundesrepublik musste sich diesen Maßnahmen zumindest teilweise anschließen. Das Einfuhrverbot war so erfolgreich, dass die Herstellung von mehr als 2 Millionen Münzen (1984) auf nur noch 100000 Stück (1987) zurückging, nachdem im Vorjahr überhaupt keine Goldmünzen geprägt worden waren. In den späten 1990er Jahren wurden auch diese Stückzahlen bei weitem nicht mehr erreicht, was aber eher auf die stagnierende Entwicklung des Goldpreises zurückzuführen war.

Der sich in den 1970ern vervielfachende Wert des Goldes führte ferner dazu, dass sich viele Konsumenten insbesondere in Indien den Kauf neuen Edelmetalls nicht mehr leisten konnten. Damit kam auch der Goldschmuggel aus dem Persischen Golf phasenweise zum Erliegen, die jährlichen Importe gingen auf nur noch 23 t zurück. Hatte man in Bombay 1970 für jede Unze Gold noch mehr als das Doppelte als in London geboten, sank die Marge bis 1980 auf nur noch zehn Prozent, was das hohe Risiko des Schmuggelgeschäfts nicht mehr rentierte.

In den Ländern Südostasiens hatte nicht nur während des Vietnamkriegs das Gold neben dem Dollar bereits eine wichtige Rolle als Zahlungsmittel gespielt, sondern auch noch viele Jahre darüber hinaus. Das zeigte sich beispielsweise, als sich tausende Vietnamesen auf die Flucht über das Meer machten. Um ihre Fluchthelfer zu bezahlen, mussten viele der so genannten *Boat People* ihre Fluchthelfer mit Gold bezahlen, um einen Platz auf den Flüchtlingsbooten zu finden – ihre Dollarnoten hatten bereits viel von ihrem Wert verloren. Im Drogenschmuggel und illegalen Waffenhandel wurde Gold ebenfalls gern als Zahlungsmittel verwendet, weil sich seine Spuren nicht zurückverfolgen ließen. Die illegalen Organisationen der indischen Goldschmuggler fanden im Drogenmarkt ein neues Geschäftsfeld, einige der berüchtigtsten und größten Gangster Bombays hatten ihre kriminelle Karriere als Goldschmuggler begonnen. Die Filmindustrie Bollywoods hat diese Thematik mehrfach verfilmt, auch wenn einige Filmproduktionen selbst wiederum zur Geldwäsche dienten.

Während die indische Nachfrage eingebrochen war, hatten andere Länder die bestehenden Goldverbote aufgehoben und den Goldhandel legalisiert. Seit 1975 durften amerikanische Bürger wieder Gold erwerben, was auch den Goldhandel in New York deutlich belebte. Ebenso wurden in Hongkong Importbeschränkungen für Goldbarren zurückgenommen, der Goldhandel entwickelte sich dort zur zentralen Drehscheibe für Ostasien. In Singapur durfte bereits seit 1968 wieder Gold gehandelt werden, doch erst als die strengen Devisenbeschränkungen gefallen waren, entstand dort ein reger Terminmarkt. In

Japan wurde 1973 ebenfalls die Goldeinfuhr und seit 1978 auch wieder sein Export erlaubt; vier Jahre später entstand die heute sehr wichtige Goldbörse in Tokio. Der führende internationale Goldmarkt aber war in den 1970er und frühen 1980er Jahren der Züricher Goldpool, der die meisten südafrikanischen und auch die sowjetischen Goldverkäufe tätigte, doch die Londoner blieben ihm auf den Fersen. Ein Novum war, dass infolge der neu entstandenen Goldmärkte in Asien das Gold nun weltweit rund um die Uhr gehandelt wurde. Wenn die Märkte in Hongkong und Singapur schlossen, öffneten Zürich und London, deren Handelszeit sich um drei Stunden mit New York überschnitt, das dann vom Handel an der amerikanischen Westküste abgelöst wurde, bis wieder die asiatischen Märkte übernahmen.

Stagnierende Goldpreise, das Ende der südafrikanischen Dominanz und neue Märkte

Ein britischer Banker bezeichnete die Jahre 1975 bis 1981 als «Casinophase» der Goldspekulation, die sich aber in den 1980er und 1990er Jahren nicht fortsetzte. Denn der Goldpreis stagnierte, und inflationsbereinigt ging er sogar zurück. Mehrfach hatten sich der Öl- und der Goldpreis in eine ähnliche Richtung entwickelt, so dass man fragen kann, inwiefern kausale Zusammenhänge bestanden. Die beiden großen Ölpreiskrisen von 1973 und 1979 hatten ja entsprechende Preissteigerungen des Goldes ausgelöst. Als die OPEC (Organisation erdölexportierender Länder) 1973 die Produktion drosselte und der Preis in wenigen Wochen um zwei Drittel anstieg, spülte dies viel neues Geld in die Kassen der Erdölländer. Ein Teil dieser Gewinne, insbesondere im arabischen Raum, wurde wieder in Gold investiert und sorgte so für eine gewisse zusätzliche Nachfrage. Gleichzeitig traf der steigende Ölpreis die Industrieländer an einem empfindlichen Punkt und schürte Inflationsängste. Auch deshalb erwarben etliche Anleger Gold. Dieses Schema ließ sich auch im Winter 1979/80 beobachten. In den frühen 1980er Jahren folgten beide Preisentwicklungen einem gleichen Trend, als

Öl und Gold wieder billiger wurden. Dann aber gingen die Entwicklungen auseinander: Obwohl die OPEC-Staaten ihre Produktion herunterfuhren, entstand auf dem Ölmarkt ein Überangebot durch ausgedehnte Förderungen der Nichtmitglieder, insbesondere der Sowjetunion. Sie avancierte in diesen Jahren zum führenden Öllieferanten, außerdem wurden weitere Ölfelder im Golf von Mexiko und in der Nordsee erschlossen. Als 1986 wegen der Überproduktion der Ölpreis kollabierte und um 75 Prozent sank, folgte der Goldkurs nicht.

Insgesamt lässt sich feststellen, dass beide Preise im Industriezeitalter in politisch-ökonomischen Krisen schnell in die Höhe schießen konnten (sofern sie frei zu handeln waren). Im Herbst 1990 stieg als Folge des irakischen Überfalls auf Kuwait der Ölpreis vorübergehend dramatisch, ohne dass sich beim Gold ein ähnlicher Trend gezeigt hätte, vielmehr gab der Goldpreis sogar weiter nach. Trotz des Golfkriegs gegen den Irak erreichte der inflationsbereinigte Preis 1991 sogar den niedrigsten Stand seit 1970. Nach den Anschlägen vom 11. September 2001 fielen zunächst beide Preise, stiegen jedoch in den folgenden Jahren stark, um sich dann wieder unterschiedlich zu entwickeln.

Für die südafrikanische Goldbranche waren dies ungünstige Entwicklungen, die sich parallel zu einschneidenden sozio-politischen Veränderungen wie dem Ende der Apartheid und dem sich besonders in den Siedlungen der Minenarbeiter stark ausbreitenden AIDS vollzogen. Auch wenn die Steuereinkünfte und Deviseneinnahmen aus dem Goldbergbau über Jahrzehnte das wirtschaftliche Rückgrat des Apartheidstaates gebildet und die Branche vom dadurch gedrückten Lohnniveau profitiert hatten, waren Minengesellschaften immer dann dazu bereit, von der offiziellen Politik abzuweichen, wenn sie sich davon finanzielle oder organisatorische Vorteile versprachen. Obwohl Gewerkschaften schwarzer Arbeiter noch immer verboten waren und die Polizei mit äußerster Härte und Gewalt etwa gegen Streikende vorging, gab es inoffizielle Arbeiterbewegungen, mit denen die Minenleitungen aber nicht verhandeln durften. Während einige Unternehmen an diesem Verbot strikt festhielten und es auch öffentlich verteidigten, gab es andere Minengesellschaften, die mit diesen nicht registrierten Gewerkschaften zur Verhinderung wilder Streiks inoffizielle Vereinbarungen trafen. Kurz nach der Aufhebung des Gewerkschaftsverbots für Schwarze wurde 1982 die *National Union of Mineworkers* (NUM) gegründet; erster Generalsekretär wurde der spätere Staatspräsident Cyril Ramaphosa. Die NUM hatte 1991 bereits 270 000 Mitglieder, und sie spielte als größte Gewerkschaft eine entscheidende Rolle bei der Formierung des oppositionellen Gewerkschaftsbundes COSATU, der neben dem ANC die wichtigste Oppositionsplattform für den Kampf gegen die Apartheid war. Mit dem allmählichen Übergang zum Post-Apartheidstaat 1990 bis 1994 wurden die Arbeitnehmerrechte deutlich gestärkt; damals verbesserten sich die Arbeitsbedingungen und die Sicherheit erheblich. Nicht verkennen lässt sich auch, dass die Minen mit als Erste in Südafrika den Kampf gegen HIV aufnahmen und umfangreiche Forschungsprogramme und Präventionskampagnen finanzierten.

Insgesamt ging es mit der südafrikanischen Goldproduktion seit den späten 1980er Jahren massiv bergab. Grund dafür waren weder der politische Wandel noch die AIDS-Krise, sondern vor allem die hohen Produktionskosten bei stagnierenden Goldpreisen. Wie in den 1960er Jahren waren viele Bergwerke bei steigenden Kosten und stagnierendem Preis kaum rentabel zu betreiben, so dass etliche Minen geschlossen wurden, viele weitere vor der Schließung standen und die Branche bereits Ende der 1980er Jahre mehr als 100 000 Arbeitsplätze abbauen musste. Obwohl Geologen übereinstimmend davon ausgehen, dass sich noch sehr große Goldmengen in etwa 5000 Meter Tiefe befinden, gibt es bis heute keine technischen Möglichkeiten, das Edelmetall aus diesen Abgründen zu fördern. Zwar erreichen einzelne Minen Tiefen von mehr als 3900 Metern, doch steigen dabei die Kosten und insbesondere das Risiko für die Arbeiter exponentiell: Der Druck auf das Gestein lässt es beim Bohren der Sprenglöcher unkalkulierbar bersten, und die steigenden Temperaturen sind trotz leistungsstarker Klimaanlagen und Bewetterungstechniken nicht lange auszuhalten. Diese Vorkommen werden wohl noch lange, wahrscheinlich bis zur Entwicklung eines vollautomatisierten Abbaus ungenutzt bleiben.

Die südafrikanische Förderung war folglich damals rückläufig, in den 1970er Jahren lag sie durchschnittlich noch deutlich über 700 t im Jahr, stabilisierte sich dann zu Beginn der 1990er bei ungefähr 600 t, um dann zum neuen Jahrtausend auf weniger als 400 t zu sinken. Mit der zunehmenden Erschöpfung der erreichbaren Vorkommen endete auch ein Jahrhundert der Dominanz Südafrikas als wichtigstes Förderland.

Das aber führte keineswegs zu einem globalen Mangel an neuem Gold; vielmehr verdoppelte sich die Weltfördermenge seit den 1970er Jahren bis zum Millennium auf mehr als 2500 t jährlich. In vielen anderen Ländern wie China oder Indonesien wurden neue Vorkommen entdeckt und erschlossen, während die Förderung insbesondere in den USA, Australien und Peru stark ausgedehnt wurde.

Viele der Entwicklungen des 20. Jahrhunderts – von der fortgeschrittenen Bergbautechnik bis hin zu den elektronisch gesteuerten Terminbörsen – lassen leicht übersehen, dass andere, ältere Formen der Goldgewinnung weiterexistierten. In Sibirien ebenso wie im peruanischen Dschungel standen noch immer Goldwäscher mit Waschpfannen in den Flüssen oder suchten mit Hilfe hydraulischer Pumpen nach Gold, das sie mit Quecksilber ausfällten, oft nur wenige Kilometer von den gewaltigen Bergwerken global agierender Konzerne entfernt. Das Zeitalter der Prospektoren und Goldsucher war noch nicht zu Ende, immer noch wurden neue Goldvorkommen entdeckt. Für eine Sensation sorgte insbesondere die Geschichte des neu entdeckten Goldfeldes Busang auf dem indonesischen Borneo. Die kanadische Bergbaufirma Bre-X veröffentlichte 1996 die Ergebnisse von Probebohrungen, die auf ein Goldvorkommen von mehr als 290 t deuteten. Kometengleich schoss ihr Aktienwert in die Höhe – in nur zwei Jahren von 3 $ auf 283,5 $. Als das konkurrierende und größte nordamerikanische Minenunternehmen Barrick seine politischen Kontakte spielen ließ – der ehemalige kanadische Premier Brian Mulroney und der ehemalige Präsident George Bush intervenierten bei Präsident Suharto –, wollte die indonesische Regierung ein *Joint Venture* mit Barrick erzwingen. Um diesen Schritt abzuwehren, veröffentlichte Bre-X eine neue Berechnung der Vorkommen von mehr als 1900 t und einigte sich im Februar 1997 mit dem Konkurrenten Freeport. Dieses Unternehmen ließ nun eigene Probebohrungen vornehmen und meldete im März Zweifel am Goldgehalt der Erze an. Die Fortsetzung klingt wie eine billige Kriminalgeschichte: Bre-X schickte daraufhin seinen Chefgeologen nach Indonesien, der aber auf dem Weg nach Busang aus einem fliegenden Helikopter verschwand. Sein mutmaßlicher Abschiedsbrief wurde bereits am nächsten Tag von Bre-X veröffentlicht. Der Aktienkurs befand sich nun in freiem Fall, und im Mai wurde bekannt, dass ein Großteil der 48 000 Gesteinsproben noch vor der Weitergabe an unabhängige Labore systematisch «gesalzen» worden war. Entgegen der sonstigen Praxis hatte Bre-X die Proben nicht als Bohrkerne, sondern im gemahlenen Zustand verschickt, doch diese zuvor mit geologisch passenden Goldeinsprengseln versetzt; unabhängige Bohrungen vor Ort hatte man verhindert. Am 8. Mai war der Kurs auf 3 Cent gefallen, und Bre-X musste Konkurs anmelden. Tausende Anleger und mehrere Pensionsfonds verloren Millionen; die Verantwortlichen setzten sich in die Karibik ab, so dass in diesem gigantischen Betrugsfall, der weltweit für Aufsehen sorgte, bis heute noch niemand verurteilt wurde.

In den 1990er Jahren kam es auch auf der Nachfrageseite zu großen Veränderungen. Die beiden bevölkerungsreichsten Länder der Welt liberalisierten ihre Wirtschaft, insbesondere wurden Restriktionen des Goldhandels aufgehoben. Im Rahmen einer großen Deregulierungswelle hob Indien nach 27 Jahren 1990 sein Goldimportverbot auf und legalisierte so die sich aus informellen Quellen speisende Nachfrage und Verarbeitung. Die neue Wirtschaftspolitik hatte eine stimulierende Wirkung; vor allem die Schmuckbranche profitierte von diesen Maßnahmen. Die Zahl der Goldgeschäfte stieg in nur sieben Jahren um mehr als das Zwölffache, zu Beginn des Jahrtausends gab es bereits mehr als 300 000 Goldgeschäfte. Die Auslagen der Basare zeigten wieder üppige Gehänge aus hochkarätigem Gold. Die

Branche beschäftigte mehr als drei Millionen Goldschmiede und Arbeiter und mehr als 10 000 Goldveredler. Die Importe verdreifachten sich und pendelten sich auf einem Niveau zwischen 650 und 690 t jährlich ein; davon wurde das meiste zu Schmuck verarbeitet. Inklusive des wiederverwerteten Goldes wurden in Indien jedes Jahr 955 t Goldschmuck hergestellt. Weil die in Indien üblichen Tola-Goldbarren nach der Legalisierung stark mit illegalen Wirtschaftsaktivitäten assoziiert wurden, waren sie zunehmend unpopulär, so dass die Konsumenten Goldschmuck auch als Geldanlage vorzogen.

Demgegenüber erfolgte die Freigabe des chinesischen Goldhandels in kleineren Schritten. Um die Hyperinflation nach der japanischen Besatzung und dem Bürgerkrieg zu bekämpfen und die neue Währung zu schützen, hatte die kommunistische Regierung den privaten Import oder Export von Gold und Silber strengstens untersagt. Die Chinesische Volksbank (PBOC) kontrollierte alle Edelmetallgeschäfte. Unter ihrer Aufsicht wurde erst 1983 behutsam der Einzelhandel mit Goldschmuck wieder zugelassen, zunächst nur in der Sonderwirtschaftszone Shenzhen nahe der Grenze zu Hongkong, wo sich eine blühende Schmuckindustrie entwickelte. Zehn Jahre später wurde auch die Preisbindung aufgegeben und der Handel liberalisiert. Die chinesische Nachfrage stieg deutlich an und pendelte sich in den 1990er Jahren zwischen 200 t und 300 t ein. Parallelen zu Indien zeigten sich darin, dass auch die chinesischen Konsumenten 24-karätiges Gold bevorzugten und der meiste Goldschmuck anlässlich der mehr als acht Millionen jährlichen Hochzeiten erworben wurde. Wie in Indien bildete auch dort die zunehmende Mittelschicht die wichtigste Konsumentengruppe. Weil diese Nachfrage sich aber auf in China gefördertes Gold beschränkte, wirkten sich diese bedeutenden Entwicklungen nicht auf den Weltmarkt aus.

Nach langer Stagnation der Goldpreise blickten die Goldproduzenten pessimistisch auf das kommende Jahrtausend. Bobby Godsell, der Vorstandsvorsitzende des weltgrößten Goldkonzerns AngloGold hoffte 1998, dass sich der Goldpreis künftig zwischen 320 $ und 350 $ einpendeln würde. Er empfahl der

Branche eine Erneuerung und Stärkung des Dachverbandes World Gold Council, um die private Goldnachfrage insbesondere im Westen anzuregen: «Wir müssen die Führung übernehmen, um Gold zu einem Produkt für alle zu machen.» Tatsächlich sollte sich die globale Geschichte des Goldes aber in eine ganz andere, unerwartete Richtung entwickeln.

«Gold scheint eine gute Investition zu sein, wenn alles andere zu riskant ist. Die meisten Menschen erwarten, dass es langfristig als Wertaufbewahrung fungiert. Und selbst wenn es nach unten geht, kann Gold noch immer in schöne Formen gehämmert und um den Hals getragen werden, um die Nachbarn zu beeindrucken – was man von fast wertlosen Aktien nicht behaupten kann.»
The Economist (13.9.2007)

8. Im neuen Millennium: Eine Renaissance des Goldes?

1000 Dollar für eine Feinunze Gold

Seit Beginn des neuen Jahrtausends war Gold gefragter als je zuvor. Mit dem Jahr 2001 stieg sein Preis kontinuierlich und brach einen Rekord nach dem anderen. Im Oktober 2009 wurden erstmals mehr als 1000 Dollar für eine Feinunze Gold bezahlt, und die Preise stiegen mit kleineren Unterbrechungen weiter bis auf mehr als 1800 $ im September 2011. Interessanterweise hatten sich die Anschläge des 11. September 2001 nur kurzfristig auf den Goldpreis ausgewirkt, der an diesem Tag zunächst fiel, sich aber genau wie die Aktienmärkte binnen weniger Wochen erholte. Wesentlich drastischer war der Kurssprung am 17. September 2008, nachdem sowohl die Insolvenz von Lehman Brothers, einer der weltweit größten Investmentbanken, als auch die Verstaatlichung des weltweit drittgrößten Versicherungsunternehmens AIG bekannt wurden. Als Reaktion auf die befürchteten und dann verzögert tatsächlich eingetretenen Kursverluste an den Börsen flüchteten viele Anleger kurzfristig in Gold. Um jeden Preis wollten sie Gold erwerben, so dass der Preis im außerbörslichen Handel an einem Tag um 90,40 $ auf 870,90 $ stieg.

Für die seitdem weiter steigende Nachfrage nach Gold lassen sich mehrere Gründe anführen. Dabei spielte zum einen die große und zunehmende Staatsverschuldung der USA eine zentrale Rolle, die einen Wertverlust des Dollar bewirkte. Weil der Goldkurs seit Bretton Woods üblicherweise in Dollar notiert wurde, drückte sich eine Dollarschwäche stets als steigender Goldkurs aus. In anderen, stärkeren Währungen wie dem Euro fiel dieser Anstieg zunächst gemäßigter aus, ging aber insgesamt in die gleiche Richtung. Wegen der unterschiedlichen Währungsentwicklung wurde der höchste Goldpreis in Euro zu einem anderen Zeitpunkt erreicht, nämlich mit 1367 Euro am 24. August 2012. Zum andern hatte die Bedeutung der *Futures*-Märkte zugenommen, wie sich eindrücklich in der Finanzkrise 2007 bis 2009 zeigte, als professionelle Anleger sofort auf steigende Goldpreise setzten. Die ohnehin bestehende Unsicherheit wurde dadurch weiter verstärkt. Als die Zentralbanken die Geldpolitik weiter lockerten und mehr Geld in die Märkte pumpten, erhöhte dies die Inflationsbefürchtungen der Anleger, was wiederum Investitionen in Gold auslöste. Weil sich die Finanzkrise zu einer Eurokrise ausweitete, blieb der Kurs für mehrere Jahre auf einem sehr hohen Stand.

Darüber hinaus erreichte die Spekulation mit Gold bei steigenden Preisen eine neue und die anhaltende Goldhausse befördernde Dimension, als neue, goldbasierte Fonds aufgelegt wurden, so genannte Gold ETF (*exchange traded funds*). Diese neuen Goldfonds waren börsenfinanziert und handelten ausschließlich mit *Goldfutures* und real vorhandenem Gold, wozu sie große eigene Goldbestände unterhielten. Problematisch an diesen neuen Gesellschaften war indessen, dass sie sich in dieser Organisationsform sowohl der Bankenaufsicht als auch jener der Aufsichtsbehörde für den Rohstoffhandel entzogen, sich gleichzeitig aber als mächtige Akteure auf dem *Futures*-Markt betätigten. Die von ihnen ausgegebenen Zertifikate waren Schuldverschreibungen und keine Unternehmensanteile. Sollten die Emittenten in Konkurs gehen, war die erworbene Anleihe ebenfalls nichts mehr wert. Im Grunde handelte es sich also um das gleiche Risiko wie eine Investition in ein Lehman-Zertifikat, zumal im *Futures*-Handel Leerkäufe und Leerverkäufe notwendig waren, um die versprochenen Renditen zu erzielen. In Deutschland sind diese Fonds wegen ihrer Konzentration auf nur ein Produkt und der fehlenden Streuung ihrer Investitionen bislang nicht erlaubt. Hingegen wurden die ähnlich klingenden Gold ETC (*exchange traded commodities*) wie Xetra-Gold auf dem deutschen Markt zugelassen; dabei stand der Investition ein realer Goldbestand gegenüber, den man sich als Anleger auch auszahlen lassen konnte. Goldzertifikate hatten insbesondere Schweizer Banken zwar schon seit den 1970er Jahren im Angebot, doch besaßen diese für die Geschichte des Goldes nur geringe Bedeutung. Hingegen wurde der größte dieser ETF, die SPDR Gold Shares zu einem der größten Goldbesitzer der Welt; 2012 hortete der Fonds mehr als 1300 t Gold in einem Wert von 23,7 Milliarden Dollar – mehr als die meisten Staaten als Goldreserve besaßen. Die Marktmacht dieser ETF- und ETC-Fonds war beträchtlich, weil sie ungefähr ein Viertel, in einzelnen Jahren sogar mehr als ein Drittel des weltweiten gehandelten Goldes nachfragten. Das hatte eine den Kursanstieg fördernde Wirkung. Umgekehrt verstärkte ihre Marktmacht auch den Preisverfall, denn bei Goldpreisverlusten mussten sie ihre gehorteten Barren verkaufen, um den Wert des Fonds zu erhalten. Insofern förderten sie die mittelfristigen Schwankungen des Preises erheblich, was sich auch an den Goldbeständen der ETF ablesen lässt. Als dieser wieder nachgab, leerte sich etwa der Goldspeicher von SPDR rapide und sank bis Jahresende 2015 wieder auf 630 t. Damit war auch ihr starker Einfluss auf den globalen Markt wieder zurückgegangen, und der Goldpreis stabilisierte sich in den 2010er Jahren.

Ein Drittel des gehandelten Goldes stammte auch im neuen Jahrtausend aus wiederverwertetem Edelmetall; auch in der Förderung setzten sich einige Entwicklungen der 1990er Jahre fort. So wurden zahlreiche neue Bergwerke in Betrieb genommen, während sich die steigenden Preise nach dem bereits beschriebenen Muster positiv auf die Rentabilität, Lebensdauer der Minen und Beschäftigung nicht nur in Südafrika auswirkten. Trotzdem verlor der teure südafrikanische Untertagebergbau weltweit an Bedeutung. Die größte Goldmine der Welt befand sich 2014 in Usbekistan, die Muruntau Mine förderte mehr als 80 t Gold im Jahr. Diese und ähnliche Tagebauminen in Aus-

tralien, den USA, Indonesien und Peru hinterlassen beklem-
mend große Löcher in der Landschaft; so hat die Muruntau
Mine einen Durchmesser von mehr als 3 Kilometern und reicht
mehr als einen halben Kilometer in die Tiefe. Die Bergwerke im
Gebiet der ehemaligen Sowjetunion waren in den 1990er Jahren
noch in einem desolaten Zustand und konnten oft erst in den
2000er Jahren mit Gewinn betrieben werden, nachdem erfor-
derliche Investitionen getätigt und eine effektivere Infrastruktur
aufgebaut waren. Die Fördermenge aus den ehemaligen Sowjet-
republiken stieg dementsprechend; zusammengenommen hätten Russland und Usbekistan den zweiten Platz der größten
Förderländer behauptet.

   In fast jeder Hinsicht hat sich aber China seit der Jahrtausend-
wende zum wichtigsten Akteur auf dem Goldmarkt entwickelt:
Die Volksrepublik löste Südafrika als größten Goldproduzenten
der Welt ab und förderte zudem mehr Gold als die USA und Kanada zusammen. Mehr als ein Viertel des privat erworbenen
Goldes landete inzwischen ebenfalls in China (mehr als 1000 t
jährlich), dort wurden die hohen indischen Werte noch einmal
übertroffen. Die Shanghai Gold Exchange hat als größter Markt
für physisches Gold London und Zürich den Rang abgelaufen.
Nur hinsichtlich der Goldreserven lag die Volksrepublik 2017
weltweit nicht an erster, sondern noch hinter Italien und Frankreich an fünfter Stelle. Angesichts seines weltwirtschaftlichen
Gewichts war dies nicht viel, zumal es angesichts wirtschaftspo-
litischer Konflikte im chinesischen Interesse liegen musste, die
überwiegend in Dollar gehaltenen Währungsreserven zu diver-
sifizieren. Gold wäre in dieser Hinsicht gewiss eine politisch
sicherere Alternative gewesen, doch ist der globale Goldvorrat
viel zu gering, um sich damit annähernd absichern zu können.
Höhere Goldreserven sind offenbar auch deshalb nicht nötig,
weil es dem chinesischen Staat höchstwahrscheinlich gelingen
würde, im Notfall auch auf den privaten Goldbesitz seiner Bürger zuzugreifen. Das bietet auch eine plausible Erklärung dafür,
weshalb die Regierung den privaten Golderwerb zuließ. Weil
die auf dem chinesischen Markt verfügbare Goldmenge trotz
der kontinuierlich zunehmenden privaten Nachfrage deutlich

höher war, wurde darüber spekuliert, wohin dieses Gold geflossen sein könnte. Es war unklar, ob und inwiefern China heimliche Goldreserven anlegte oder das Gold von Schattenbanken (Finanzinstitutionen wie Investmentfonds oder Kreditversicherer, die nicht der Regulierung des Bankensektors unterliegen) für Finanzgeschäfte benötigt wurde.

Diese Entwicklung war angesichts der vorsichtigen Liberalisierung in den 1990er Jahren noch nicht absehbar gewesen, doch dann folgten die Reformen Schlag auf Schlag. Die Staatsführung hatte erst im August 2001 die Preiskontrolle abgeschafft und im Oktober des Folgejahres die Goldbörse von Shanghai eröffnet; bald darauf wurde das Goldbarrenverbot aufgehoben. Schon 2007 wurde China zum weltgrößten Förderland, seit 2008 durften in Shanghai auch *Goldfutures* gehandelt werden; weiteren Banken wurden Importlizenzen für das Edelmetall erteilt. Seitdem entwickelte sich der chinesische Markt rasant, und ein Ende dieses Trends war bis zum Abschluss dieses Buches nicht erkennbar. Zweifellos wird die weitere Entwicklung der globalen Geschichte des Goldes von den Entscheidungen in China maßgeblich geprägt werden, die sich sowohl preistreibend als auch -senkend auswirken könnten. Noch bestehen starke Kapitalkontrollen und ist der Finanzsektor nur teilweise liberalisiert, so dass für die Chinesen nur beschränkte Anlagealternativen zum Gold existieren. Die chinesische Sparquote ist besonders hoch, und die zunehmend privatisierte und unzureichende Gesundheitsvorsorge lässt viele Chinesen Gold horten, um für den Fall einer teuren Heilbehandlung gewappnet zu sein. Obwohl die Aussichten für den chinesischen Goldmarkt weiter positiv beurteilt werden, besteht nach Ansicht der Analysten vom World Gold Council eine gewisse Bedrohung, falls eine größere Finanzkrise auf die Realwirtschaft durchschlagen sollte. Sollte die Arbeitslosigkeit zunehmen und die Kaufkraft des Yuan sinken, würden die lokalen Goldpreise sofort steigen, die Kaufkraft sinken und so den Schmuckabsatz wieder zurückgehen lassen.

Als größter Nachfrager von Gold hat jedoch Indien im 21. Jahrhundert für die Goldmärkte enorme Bedeutung erlangt.

Während der chinesische Bedarf durch die hohe Förderung aus dem eigenen Land gedeckt werden konnte und die Schmuckproduktion vor allem für den Heimmarkt erfolgte, mussten die Inder ihr Gold importieren. Ihre Vorliebe für Gold ist ungebrochen, die überwiegend in Schmuck angelegten Goldvorräte Indiens werden auf 24 000 t geschätzt. Vor einigen Jahren sorgte das Öffnen einer Schatzkammer im Padmanabhaswamy-Tempel in Thiruvananthapuram (Kerala) für großes Aufsehen; dort wurden Goldschmuck und Juwelen im geschätzten Materialwert von 15 Milliarden Euro gefunden. Vishnu zu Ehren hatten lokale Herrscher und Pilger über Jahrhunderte einen gewaltigen Goldschatz angehäuft. Weil inzwischen die Königsfamilie erloschen ist, streiten die Tempelgemeinschaft und der indische Staat, wer rechtmäßiger Besitzer sei. Die indische Goldnachfrage wird wohl auch künftig anhalten, weil mehr als 500 Millionen Inder unter 25 Jahren alt sind und Gold als *Dowry* und Hochzeitsgeschenk ungebrochen beliebt ist.

Die Rolle Deutschlands in der globalen Zirkulation des Goldes ist demgegenüber beschränkt, aber nicht zu vernachlässigen. Die Bundesbank hält die nach den USA noch immer zweitgrößten Goldreserven der Welt und hat in den vergangenen Jahren damit begonnen, die dort eingelagerten Barren nach Deutschland schaffen zu lassen. Außerdem hatte die Deutsche Bank nach einer Firmenübernahme 1993 auch den Sitz von Sharps Pixley beim Londoner Goldfixing erhalten. 2015 hat sie sich aber wieder aus dem Edelmetallgeschäft zurückgezogen, ihre Beteiligung an der Londoner Goldbörse aufgegeben und ihren 1500 t fassenden Speicher in London an die chinesische ICBC verkauft. Die Deutsche Bank spielte wie in der geplatzten amerikanischen Immobilienblase auch im globalen Goldhandel eine unrühmliche Rolle. Sie wurde vor einem New Yorker Gericht von Investoren unter dem Vorwurf angeklagt, zusammen mit anderen Banken (Barclay, Bank of Nova Scotia, HSBC und Société Générale) zwischen 2004 und 2013 den Goldpreis an der COMEX manipuliert zu haben. Bevor ein Urteil gefällt werden konnte, einigte sich die Bank mit den Klägern auf eine Vergleichssumme von 60 Millionen Dollar. In der deutschen Wirtschaftspresse war indessen meist nur von «angeblichen» Manipulationen zu lesen – tatsächlich musste die Bank allerdings bei ähnlichen Manipulationsvorwürfen der Zinsmärkte Strafen in Milliardenhöhe bezahlen. Auch die amerikanische Aufsichtsbehörde für Rohstoffhandel CFTC verhängte gegen die Deutsche Bank eine 30-Millionen-Strafe und weitere, etwas kleinere Strafen gegen die schweizerische UBS und die britische HSBC wegen verbotenen *Spoofings*, sie hatten offenbar Scheinaufträge auf Kauf oder Verkauf von *Goldfutures* veranlasst, die in letzter Minute zurückgezogen wurden, aber den Kurs in eine bestimmte Richtung beeinflussten. Derartige Geschäftspraktiken gaben Verschwörungstheorien, die beim Thema Gold allerdings beliebt sind, neue Nahrung.

Wie sich die Geschichte des ewig glänzenden Edelmetalls längerfristig entwickeln wird, ist nicht absehbar. Seine über mehrere Jahrtausende reichende Geschichte lässt begründet vermuten, dass sich auch künftige Generationen vom Gold faszinieren lassen. Obwohl Gold in den letzten Jahrzehnten auch zu einem Spekulationsobjekt geworden ist, dessen Wert stark schwanken kann, vertrauen die meisten Menschen seiner Beständigkeit und sehen darin eine dauerhafte Wertanlage – allen Schwankungen des Preises zum Trotz. Insofern sind die kulturellen Faktoren entscheidend: Gold wird so lange seinen materiellen Wert behalten, wie die Menschen an den Wert eines im Grunde kaum sinnvoll zu gebrauchenden Metalls glauben.

Literatur

Balachandran, Gopalan: John Bullion's Empire. Britain's Gold Problem and India between the Wars, Richmond 1996.

Banken, Ralf: Edelmetallmangel und Großraubwirtschaft. Die Entwicklung des deutschen Edelmetallsektors im «Dritten Reich» 1933–1945, Berlin 2009.

Bernstein, Peter L.: Die Macht des Goldes. Auf den Spuren einer Faszination, München 2005.

Blanchard, Ian: Mining, Metallurgy and Minting in the Middle Ages. 3 Bde., Stuttgart 2001–2005.

Brown, Kendall W.: A History of Mining in Latin America. From the Colonial Era to the Present, Albuquerque 2012.

Deuchler, Florian: Beute und Triumph. Zum kulturgeschichtlichen Umfeld antiker und mittelalterlicher Kriegstrophäen, Berlin 2015.

Duckenfield, Mark: The Monetary History of Gold. A Documentary History, 1660–1999, Abingdon 2004.

Eichengreen, Barry: Vom Goldstandard zum Euro. Die Geschichte des internationalen Währungssystems, Berlin 2000 (USA 1996).

Fetherling, Douglas: The Gold Crusades. A Social History of Gold Rushes, 1849–1929, revised ed. Toronto 1997.

Feinstein, Charles H.: An Economic History of South Africa. Conquest, Discrimination and Development, Cambridge 2005.

Flandreau, Marc, Owen Leeming: The Glitter of Gold. France, Bimetallism, and the Emergence of the International Gold Standard, 1848–1873, Oxford 2004.

Friedman, Milton: The Crime of 1873, in: The Journal of Political Economy 98 (1990), S. 1159–1194.

Gaggio, Dario: In Gold We Trust. Social Capital and Economic Change in the Italian Jewelry Towns, Cambridge 2007.

Gilomen, Hans-Jörg: Wirtschaftsgeschichte des Mittelalters, München 2014.

Green, Timothy: Die Welt des Goldes. Vom Goldfieber zum Goldboom, Frankfurt a. M. 1968.

Green, Timothy: The Ages of Gold. Mines, Markets, Merchants and Goldsmiths from Egypt to Troy, Rome to Byzantium and Venice to the Space Ages, London 2007.

Grewe, Bernd-Stefan, Karin Hofmeester (Hgg.): Luxury in Global Perspective. Objects and Practices, New York 2016.

Hardt, Matthias: Gold und Herrschaft. Die Schätze europäischer Könige und Fürsten im ersten Jahrtausend, Berlin 2004.

Harold, James: International Monetary Cooperation since Bretton Woods, Washington 2011.

International Monetary Fund (Hg.): The Structure and Operation of the World Gold Market, Washington 1993.

Isenberg, Andrew C.: Launenhafte Natur: Goldabbau in Kalifornien und Kohlebergbau im Ruhrgebiet, 1850–1900, in: Norbert Finzsch (Hg.): Clios Natur. Vergleichende Aspekte der Umweltgeschichte, Berlin 2008, S. 98–119.

Knafo, Samuel: The Making of Modern Finance. Liberal Governance and the Gold Standard, London u. a. 2013.

Kwarteng, Kwasi: War and Gold. A Five-Hundred-Year History of Empires, Adventures and Debt, London 2014.

Laiou, Angeliki E., Cécile Morrisson: The Byzantine Economy, Cambridge 2007.

Lynch, Martin: Mining in World History, London 2002.

McCalman, Iain, Alexander Cook, Andrew Reeves (Hgg.): Gold. Forgotten Histories and Lost Objects of Australia, Cambridge 2001.

McGuire, John, Patrick Bertola, Peter Reeves (Hgg.): Evolution of the World Economy, Precious Metals and India, Oxford 2001.

Melanchon, Michael: The Lena Goldfields Massacre and the Crisis of the Late Tsarist State, College Station 2006.

Morse, Kathryn: The Nature of Gold. An Environmental History of the Klondike Gold Rush, Seattle 2003.

North, Michael: Kleine Geschichte des Geldes. Vom Mittelalter bis heute, München 2009.

Ögren, Anders, Lars Frederik Øksendal (Hgg.): The Gold Standard Peripheries. Monetary Policy, Adjustment and Flexibility in a Global Setting, Basingstoke 2012.

Rohrbough, Malcolm J.: Days of Gold. The California Gold Rush and the American Nation, Berkeley, Los Angeles, London 1997.

Sayers, Richard S.: The Bank of England, 3 Bde., Cambridge 1976.

Schweizerische Kreditanstalt (Hg.): Goldhandbuch (= Handbücher aus dem Bankbereich, H. 66), o. O. 1982.

TePaske, John J.: A New World of Gold and Silver. Hg. v. K. W. Brown, Leiden 2010.

Unabhängige Expertenkommission Schweiz–Zweiter Weltkrieg (Hg.): Die Schweiz, der Nationalsozialismus und der Zweite Weltkrieg. Schlussbericht, Zürich 2002.

Vilar, Pierre: Gold und Geld in der Geschichte. Vom Ausgang des Mittelalters bis zur Gegenwart, München 1984.

Wamser, Ludwig, Rupert Gebhard (Hgg.): Gold. Magie – Mythos – Macht. Gold der Alten und Neuen Welt, Stuttgart 2001.

Weston, Rae, Gold. A World Survey, London 1983.
Wieczorek, Alfried, Patrick Périn (Hgg.): Das Gold der Barbarenfürsten. Schätze aus Prunkgräbern des 5. Jahrhunderts n. Chr. zwischen Kaukasus und Gallien, Stuttgart 2001.
Wood, John H.: A History of Central Banking in Great Britain and the United States, Cambridge 2005.

Bildnachweis

Register